# 常用电气设备及线路安装与维修习题册

CHANGYONG DIANQI SHEBEI JI XIANLU ANZHUANG YU WEIXIU XITICE

主　编　卜树云
副主编　吕文春
参　编　杨　莹　阳溶冰　袁敏锐　朱家红
主　审　邓开陆　阳廷龙

重庆大学出版社

**图书在版编目(CIP)数据**

常用电气设备及线路安装与维修习题册/卜树云主编.—重庆:重庆大学出版社,2014.8(2020.8 重印)

国家中等职业教育改革示范学校建设系列成果

ISBN 978-7-5624-8327-4

Ⅰ.①常… Ⅱ.①卜… Ⅲ.①电气设备安装—电气设备维修—中等专业学校—教学参考资料 Ⅳ.①TH527

中国版本图书馆 CIP 数据核字(2014)第 023797 号

**常用电气设备及线路安装与维修习题册**

主　编　卜树云

副主编　吕文春

主　审　邓开陆　阳廷龙

策划编辑:杨粮菊

责任编辑:文　鹏　　版式设计:杨粮菊

责任校对:刘雯娜　　责任印制:张　策

*

重庆大学出版社出版发行

出版人:饶帮华

社址:重庆市沙坪坝区大学城西路 21 号

邮编:401331

电话:(023) 88617190　88617185(中小学)

传真:(023) 88617186　88617166

网址:http://www.cqup.com.cn

邮箱:fxk@cqup.com.cn (营销中心)

全国新华书店经销

POD:重庆新生代彩印技术有限公司

*

开本:787mm×1092mm　1/16　印张:6.5　字数:162 千

2014 年 8 月第 1 版　　2020 年 8 月第 4 次印刷

ISBN 978-7-5624-8327-4　定价:19.80 元

---

本书如有印刷、装订等质量问题,本社负责调换

# 目 录

# 项目 1　电动机基本控制线路的安装、调试与维修

## 任务 1.1　常用低压开关

### 一、填空题

1.低压开关一般为________电器，主要用作在电路中进行________、________、________和________的操作。

2.在电力拖动中，低压开关多数用作机床电路的________和局部照明电路的________，也可用来直接控制________电动机的启动、停止和________。

3.低压断路器按结构形式可分为________、________、________、________、灭磁式和________六类；按极数分为________、________、________和________式。

4.DZ5 系列断路器主要由________、________、________、________、________及绝缘外壳等部分组成。

5.断路器的热脱扣器作________保护，由电流调节装置调节________的大小。

6.电磁脱扣器作________保护，由电流调节装置调节________。

7.欠压脱扣器作________和________保护。具有欠压脱扣器的断路器，在欠压脱扣器两端________或

__________时，不能接通电路。

8.选用低压断路器时：

(1)额定电压和额定电流应__________线路、设备的正常工作电压和工作电流。

(2)热脱扣器的整定电流应__________所控制负载的额定电流。

(3)电磁脱扣器的瞬时脱扣整定电流应__________负载电路正常工作时的__________电流。

(4)欠压脱扣器的额定电压应__________线路的额定电压。

(5)断路器的极限通断能力应__________电路的__________短路电流。

9.用于控制电动机的断路器，其瞬时脱扣整定电流可按公式__________选取。其中，$K$ 为安全系数，可取__________ $I_{st}$为电动机的__________。

10.低压断路器应__________安装，电源引线应接在__________端，负载线应接在__________端。

11.低压断路器用作电源总开关或电动机的控制开关时，在电源进线侧必须加装__________开关或__________等以形成明显的断开点。

12.断路器闭合后一定时间自行分断，则故障原因是__________，处理方法是__________。

13.开启式负荷开关又称为__________，简称__________。

14.生产中常用的开启式负荷开关是__________系列，它结构简单，价格便宜，适用于交流 50 Hz、额定电压单相__________V 或三相__________V、额定电流 10~100 A 的照明、电热设备及小容量电动机控制线路中，供手动__________接通和分断电路，并起__________保护。

15.开启式负荷开关的瓷底座上装有__________、__________、__________、__________和带瓷质手柄的__________，上面盖有胶盖以防止操作时触及__________或分断时产生的__________飞出伤人。

16.断路器、负荷开关必须__________安装，保证合闸状态时手柄朝__________。

17.开启式负荷开关用于控制照明和电热负载时，选用额定电压__________或__________，额定电流不小于电路所有负载额定电流之和的__________开关，且要在开关内装接合适的熔体作__________和__________保护。

18.开启式负荷开关接线时应把__________接在静触头一边的进线座，__________接在动触头一边的出线座。

19.HH 系列封闭式负荷开关的罩盖与操作机构设置了联锁装置，保证开关在合闸状态下罩盖__________，而当罩盖开启时又不能__________，以确保操作安全。

20.封闭式负荷开关必须垂直安装于__________和__________的场合，安装高度一般离地不低于__________，外壳必须__________。

21.倒顺开关是组合开关的一种，也称__________，是专为控制小容量三相异步电动机的__________而设计生产的。手柄只能从__________的位置左转__________或右转__________。

22.组合开关应根据__________、__________、__________、__________和__________进行选用。

**二、判断题**（正确的打“√”，错误的打“×”）

1.低压断路器只能起控制电路接通和断开的作用，不能起保护作用。　（　　）

2.低压断路器中电磁脱扣器的作用是实现失压保护。　（　　）

3.DZ5 系列断路器的热脱扣器和电磁脱扣器均设有电流调节装置。　（　　）

4.低压断路器各脱扣器的动作值一经调整好，不允许随意变动，以免影响脱扣器的动作值。　（　　）

5.HK 系列开启式负荷开关没有专门的灭弧装置，因此不宜用于操作频繁的电路。　（　　）

6.开启式负荷开关用作电动机的控制开关时，应根据电动机的容量选配合适的熔体并装于开关内作短路保护。　（　　）

7.开启式负荷开关既可以垂直安装也可以倒装或平装在控制屏或开关板上。　（　　）

8.HH 系列封闭式负荷开关的进出线都必须穿过开关的进出线孔，在进行分合闸操作时，要站在开关的手柄侧，而不准面对开关，以保证安全。 ( )

9.由于负荷开关采用了扭簧储能结构，故开关的闭合和分断速度与手动操作无关。 ( )

10.HZ10 系列组合开关应安装在控制箱(或壳体)内，其操作手柄最好伸出在控制箱的前面或侧面。开关为断开状态时应使手柄在垂直旋转位置。 ( )

11.倒顺开关外壳上的接地螺钉应可靠接地。 ( )

12.组合开关的通断能力较低，不能用来分断故障电流。 ( )

13.低压断路器是一种控制电器。 ( )

三、选择题(请把正确答案的字母填入括号中)

1.DZ5-20 系列低压断路器中的热脱扣器的作用是( )。

A.欠压保护 B.短路保护 C.过载保护

2.组合开关用于控制小型异步电动机的运转时，开关的额定电流一般取电动机额定电流的( )倍。

A.1.5~2.5 B.1~2 C.2~3

3.低压开关一般为( )。

A.非自动切换电器 B.自动切换电器 C.半自动切换电器 D.自动控制电器

4.低压断路器具有( )。

A.过载保护 B.短路保护 C.欠压保护 D.失压保护

5.低压开关主要用于( )电路。

A.隔离 B.转换 C.接通 D.分断

6.低压开关为非自动切换电器，常用的类型有(　　)。

A.刀开关　　B.组合开关　　C.低压断路器　　D.接触器

## 四、计算题

某机床电动机的型号为 Y112M-4，额定功率为 4 kW，额定电压为 380 V，额定电流为 8.8 A，启动电流为额定电流的 7 倍，该电动机正常工作时不需要频繁启动。试选择断路器的型号和规格。

## 五、问答题

1.如果低压断路器在使用过程中温升过高,故障原因可能有哪些?

2.用低压断路器启动小容量电动机时,按下“合”按钮,断路器接通电路,但运行一段时间后自行分断,试分析故障原因,应如何处理?

3.安装和使用开启式负荷开关时,应注意哪些问题?

4.组合开关按极数分为哪几类?其主要参数有哪些?如何选用组合开关?

5.组合开关常见故障有哪些？

# 任务 1.2　认识熔断器

## 一、填空题

1.熔断器是低压配电网络和电力拖动系统中用作＿＿＿＿＿＿的电器。

2.熔断器使用时，应＿＿＿＿＿＿联在被保护的电路中。熔断器在电路图中的符号是＿＿＿＿＿＿。

3.熔断器主要由＿＿＿＿＿＿、＿＿＿＿＿＿和＿＿＿＿＿＿三部分组成。

4.熔管是熔体的保护外壳，用＿＿＿＿＿＿制成，在熔体熔断时兼有＿＿＿＿＿＿作用。

5.熔座是熔断器的底座，其作用是固定＿＿＿＿＿＿＿＿＿＿。

6.如果熔断器的实际工作电压大于其额定电压，熔体熔断时可能会发生＿＿＿＿＿＿的危险。

7.熔断器的额定电流是指保证熔断器能＿＿＿＿＿＿的电流，是由熔断器各部分长期工作时的＿＿＿＿＿＿决定的。而熔体的额定电流是指在规定的工作条件下，长时间通过熔体而熔体不熔断的＿＿＿＿＿＿电流值。

8.型号 RC1A-30/25 中，R 表示＿＿＿＿＿；C 表示＿＿＿＿＿，设计代号为＿＿＿＿＿，熔断器额定电流是＿＿＿＿＿＿，熔体额定电流是＿＿＿＿＿＿。

9.型号 RL1-15/2 中，R 表示＿＿＿＿＿＿＿，L 表示＿＿＿＿＿＿＿，设计代号为＿＿＿＿＿＿＿，熔断器额定电流是＿＿＿＿＿＿＿，熔体额定电流是＿＿＿＿＿＿。

10.RC1A 系列瓷插式熔断器，由＿＿＿＿＿＿、＿＿＿＿＿＿、＿＿＿＿＿＿、＿＿＿＿＿＿及＿＿＿＿＿＿五部分组成。

11.RL1 系列螺旋式熔断器主要由＿＿＿＿＿＿、＿＿＿＿＿＿、＿＿＿＿＿＿、＿＿＿＿＿＿下接线座及瓷底座等部分组成。

12.RT0 系列有填料封闭管式熔断器配有____________指示装置，并可用配备的专用绝缘手柄，在带电的情况下更换____________。

13.快速熔断器主要用于半导体硅整流元件的____________保护，其主要特点是____________，动作迅速。

14.自复式熔断器是一种采用____________、____________或____________等作熔体的限流元件。

15.自复式熔断器具有____________作用显著、____________、____________能重复使用、能实现自动重合闸等优点，所以在生产中的应用范围不断扩大。

16.对熔断器的选用主要包括熔断器____________、____________、____________和____________的选用。

17.选用熔断器时，必须使熔断器的额定电压____________或____________线路的额定电压；熔断器的额定电流____________或____________所装熔体的额定电流；熔断器的分断能力____________电路中可能出现的最大短路电流。

18.瓷插式熔断器应____________安装。螺旋式熔断器接线时，电源线应接在____________接线座上，负载线应接在____________接线座上，以保证能安全地更换熔管。

19.更换熔体或熔管时，必须____________电源，尤其不允许____________操作，以免发生电弧灼伤。管式熔断器的熔体应用专用的____________进行更换。

20.对 RM10 系列熔断器，在切断过三次相当于分断能力的电流后，必须更换____________，以保证能可靠地切断所规定分断能力的电流。

21.熔断器兼作隔离器件使用时，应安装在控制开关的____________端；若仅作短路保护用，应装在控制开关的____________端。

二、判断题（正确的打“√”，错误的打“×”）

1.熔断器的额定电流与熔体的额定电流含义相同。（ ）

2.熔断器的熔断时间随电流的增大而减小。 (  )

3.在电动机控制线路中,熔断器既可以作短路保护电器使用,也可以作过载保护电器使用。 (  )

4.熔断器对短路反应灵敏,但对过载反应很不灵敏。 (  )

5.在照明和电加热电路中,熔断器既可以作过载保护,也可以作短路保护。 (  )

6.对易燃易爆的工作场合,应禁止使用半封闭结构的 RC1A 系列瓷插式熔断器。 (  )

7.当熔体的规格过小时,可用多根小规格的熔体并联代替一根大规格的熔体。 (  )

8.在更换新的熔体时,不能轻易改变熔体的规格,更不准随便使用铜丝或铁丝代替熔体。 (  )

**三、选择题**(请把正确答案的字母填入括号中)

1.一个额定电流等级的熔断器可以配用若干个额定电流等级的熔体,但要保证熔断器的额定电流值(  )所装熔体的额定电流值。

A.大于　　B.大于或等于　　C.小于

2.一个额定电流等级的熔断器可以配用(  )个额定电流等级的熔体。

A.1　　B.2　　C.若干

3.熔断器的核心是(  )。

A.熔体　　B.熔管　　C.熔座

4.当从螺旋式熔断器的瓷帽玻璃窗口观测到带小红点的熔断指示器自动脱落时,表示熔丝(  )。

A.未熔断　　B.已经熔断　　C.无法判断

5.熔断器在电气线路或设备出现短路故障时，应(　　)。

A.不熔断　　B.立即熔断　　C.延时熔断

6.对于照明和电热等电流较平稳、无冲击电流的负载的短路保护，熔体的额定电流应(　　)负载的额定电流。

A.等于或稍大于　　B.大于　　C.小于

7.对于短路电流相当大或有易燃气体的地方，应选用(　　)熔断器作为短路保护。

A.RL 系列螺旋式

B.RT0 系列有填料封闭管式

C.RM10 系列无填料封闭管式

8.在机床控制线路中，多选用(　　)熔断器作为短路保护。

A.RL 系列螺旋式

B.RT0 系列有填料封闭管式

C.RM10 系列无填料封闭管式

9.对一台不经常启动且启动时间不长的电动机的短路保护，熔体的额定电流 $I_{RN}$ 应大于或等于(　　)倍电动机额定电流 $I_N$。

A.4~7　　B.1.5~2.5　　C.1~2

10.对于电动机经常启动或启动时间较长的电路，应选择熔体的额定电流约等于电动机额定电流的(　　)。

A.2 倍　　B.1.5 倍　　C.2.5 倍　　D.3 倍

## 四、问答题

1.熔断器的主要参数有哪些？

2.什么是熔断器的时间-电流特性？为什么熔断器一般不宜作过载保护，而主要用作短路保护？

3.如何正确选用熔断器?

4.如何正确选择熔体的额定电流?

5.某电路中，电路接通瞬间熔体熔断，试分析故障原因。

## 五、计算题

某机床一台三相异步电动机的型号为 Y132S-4，额定功率为 5.5 kW，额定电压为 380 V，额定电流为 11.6 A，该电动机正常工作时不需要频繁启动。若用熔断器为该电动机提供短路保护，试确定熔断器的型号规格。

# 任务 1.3　认识和检修接触器

## 一、填空题

1.接触器实际上是一种自动的__________式开关。触头的通断不是由__________来控制,而是__________操作。

2.接触器按主触头通过电流的种类,分为__________和__________两类。

3.交流接触器利用电磁系统中__________的通电或断电,使静铁芯吸合或释放__________,从而带动__________与静触头闭合或分断,实现电路的接通或断开。

4.交流接触器的铁芯一般用 E 形__________叠压而成,以减少铁芯的__________和__________损耗。铁芯的两个端面上嵌有__________,用以消除电磁系统的振动和噪声。

5.CJ10 系列交流接触器的衔铁运动方式有两种,对于额定电流为 40 A 及以下的接触器,采用衔铁直线运动的__________;对于额定电流为 60 A 及以上的接触器,采用衔铁绕轴转动的__________。

6.交流接触器的触头按接触情况可分为__________和__________、__________三种;按触头的结构形式可分为__________和__________两种;按通断能力可分为__________和__________。

7.当接触器线圈通电时,__________触头先断开,__________触头随后闭合,中间有一个很短的__________。当线圈断电后,__________触头先恢复断开,__________触头随后恢复闭合,中间也存在一个很短的__________。

8.接触器灭弧装置的作用是熄灭触头__________时产生的电弧,以减轻电弧对触头的灼伤,保证可靠的分断电路。

9.交流接触器常采用的灭弧装置有__________、__________和__________。

10.常用的 CJ10 等系列交流接触器在__________%~__________%额定电压下,能保证可靠吸合。

11.直流接触器主要由______、______和______三大部分组成。

12.直流接触器的主触头接通和断开的电流较______,多采用滚动接触的______触头,以延长触头使用寿命。辅助触头的通断电流较______,多采用______触头,可有若干对。

13.交流接触器按负荷种类一般分为一类、二类、三类和四类,分别记为______、______、______和______。三类交流接触器的典型用途是______的运转和运行中分断。

14.交流接触器触头的常见故障有______、______和______。

15.操作频率过高会使交流接触器的______过热,甚至烧毁。

16.机械联锁(可逆)交流接触器实际上是由______的交流接触器再加上______联锁机构和______机构所组成的。

17.切换电容器接触器专用于______设备中投入或切除______,以调整用电系统的功率因数。

18.真空接触器以______为灭弧介质,其主触头封闭在______内,特别适用于条件______的环境中。

**二、判断题**(正确的打"√",错误的打"×")

1.接触器除用来通断大电流电路外,还具有欠电压和过电压保护功能。 ( )

2.交流接触器中主要的发热部件是铁芯。 ( )

3.交流接触器的线圈一般做成细而长的圆筒形,以增强铁芯的散热效果。 ( )

4.CJ10 系列交流接触器的触头一般采用双断点桥式触头,在触头上装有压力弹簧片,用以消除有害振动。 ( )

5.接触器触头的常开和常闭是指电磁系统未通电动作前触头的状态。 ( )

6.接触器的常开触头和常闭触头是同时动作的。 ( )

7.交流接触器的线圈电压过高或过低都会造成线圈过热,甚至烧毁。 ( )

8.带灭弧罩的交流接触器不得在不带灭弧罩或带破损的灭弧罩的情况下运行。( )

9.直流接触器的铁芯也会因为产生涡流和磁滞损耗而发热,所以也需要用硅钢片叠压制成。( )

10.直流接触器铁芯端面不需要嵌装短路环。( )

11.直流接触器的发热以铁芯发热为主。( )

12.为了使直流接触器线圈散热良好,常常将线圈做成长又薄的圆筒形。( )

13.在同样的电气参数下,熄灭直流电弧比熄灭交流电弧要困难。( )

14.机械联锁(可逆)交流接触器可以保证在任何情况下都不能使两台交流接触器同时吸合。( )

15.交流接触器在线圈电压小于 $85\% U_N$ 时也能正常工作。( )

16.运行中的交流接触器,其铁芯端面不允许涂油防锈。( )

三、选择题(请把正确答案的字母填入括号中)

1.交流接触器 E 形铁心中柱端面留有 0.1~0.2 mm 的气隙是为了( )。

A.减小剩磁影响　B.减小铁芯振动　C.散热

2.接触器的主触头一般由三对常开触头组成,用以通断( )。

A.电流较小的控制电路　B.电流较大的主电路　C.控制电路和主电路

3.接触器的辅助触头一般由两对常开触头和两对常闭触头组成,用以通断( )。

A.电流较小的控制电路　B.电流较大的主电路　C.控制电路和主电路

4.对于 CJ10-10 型容量较小的交流接触器,一般采用( )灭弧。

A.栅片灭弧装置　B.纵缝灭弧装置　C.双断口结构的电动力灭弧装置

5.对于容量较大的交流接触器,多采用(　　)灭弧。

A.栅片灭弧装置　　B.纵缝灭弧装置　　C.双断口结构的电动力灭弧装置

6.直流接触器的磁路中常垫有非磁性垫片,其作用(　　)。

A.减小铁芯涡流　　B.减小吸合时的电流　　C.减少剩磁影响

7.接触器若使用在频繁启动、制动及正反转的场合,应将接触器主触头的额定电流降低(　　)使用。

A.一个等级　　B.两个等级　　C.三个等级

8.交流接触器一般应安装在垂直面上,倾斜度不得超过(　　)。

A.15°　　B.10°　　C.5°

9.如果交流接触器的衔铁吸合不紧,工作气隙较大将导致(　　)。

A.铁芯涡流增大　　B.线圈电感增大　　C.线圈电流增大

10.交流接触器的衔铁吸合后的线圈电流与衔铁未吸合时的电流比(　　)。

A.大于1　　B.小于1　　C.等于1

11.直流接触器的衔铁吸合后的线圈电流与衔铁未吸合时的电流比(　　)。

A.大于1　　B.小于1　　C.等于1

## 四、问答题

1.接触器有哪些优点?

2.什么是电弧?它有哪些危害?

3.交流接触器有哪些辅助部件？各起什么作用？

4.与交流接触器相比，直流接触器的电磁系统有什么特点？

5.接触器安装前应作哪些检查？应注意哪些问题？

6.接触器线圈过热或烧坏的可能原因有哪些？

7.接触器触头灼伤或熔焊的可能原因有哪些？

# 任务1.4　三相交流异步电动机正转控制线路的安装

**一、填空题**

1.按钮是一种用__________的某一部分所施加力而操作，并具有__________复位的控制开关，是一种最常用的__________。

2.按钮的触头允许通过的电流较__________，一般不超过__________A。

3.按钮按不受外力作用(即静态)时触头的分合状态，分为__________、__________和复合按钮。

4.为了便于操作人员识别各个按钮的作用，避免误操作，通常用不同的____________________和__________标志来区分按钮的作用。

5.按钮颜色的含义如下：红色含义是__________，当____________________或__________情况时操作；黄色含义是__________，当出现__________情况时操作；绿色含义是__________，在__________情况或__________情况下的操作；蓝色含义是__________，当要求__________情况下的操作；白、灰、黑色未赋予特定含义是除__________以外的一般功能的启动。

6.按钮结构形式代号的含义如下：K—__________；H—__________；S—__________；F—__________；J—__________；X—__________；Y—__________；D—__________。

7.同一机床运动部件有几种不同的工作状态时(如上下、前后、松紧等)，应使每一对__________状态的按钮安装在一组。

8.热继电器的复位方式有__________和__________两种。

9.热继电器自动复位的时间一般要求不大于___________min，手动复位的时间要求不大于___________min。

10.当热继电器与其他电器安装在一起时，应将热继电器安装在其他电器的___________，以免其动作特性受到影响。

11.JR20系列热继电器除具有过载保护、断相保护、温度补偿及手动和自动复位功能外，还具有___________、___________及___________等功能装置。

12.在电气图中，___________、___________信号通路及元器件、设备的引线均称为连接线。

13.生产机械电气控制线路的电气图常用___________、___________和___________来表示。

14.电路图一般分___________、___________和___________三部分绘制。

15.电路图中的电源电路一般画成___________线，三相交流电源顺序L1、L2、L3自___________而___________依次排列画出，中线N和保护地线PE依次画在___________之下。直流电源的“+”端画在___________，“-”端在___________画出。电源开关要___________画出。

16.主电路是指___________的动力装置及控制、保护电路的支路等，是电源向负载提供___________的电路。

17.主电路通过的是电动机的___________，电流比较___________，一般在图样上用粗实线___________绘于电路图的___________侧并垂直电源电路。

18.辅助电路一般包括：控制主电路工作状态的___________、显示主电路工作状态的___________、提供机床设备局部照明的___________等。

19.辅助电路一般由___________的触头、接触器的___________及___________、继电器的___________及___________、仪表、指示灯和照明灯等组成。通常，辅助电路通过的电流较___________，一般不超过___________A。

20.画电路图时辅助电路要跨接在___________相电源之间，用细实线依次垂直在主电路的___________，并且耗能原件要画在电路图的___________，电器的触头要画在耗能元件与___________电源线之间。

21.电路图中,电器元件不画实际的外形图,而是采用国家统一规定的________表示。

22.电路图采用电路编号法,即对电路中的各个接点用________或________编号。

23.在实际工作中,________、________和________要结合起来使用。

24.在控制板上断路器、熔断器的受电端子应安装在控制板的________侧,并使熔断器的受电端为底座________。

25.在进行电气控制线路安装时,主电路导线的截面要根据电动机容量进行选配;控制电路导线一般采用截面为________ $mm^2$ 的塑铜线;按钮线一般采用截面为________ $mm^2$ 的塑铜线(BVR);接地线一般采用截面不小于________ $mm^2$ 的塑铜线(BCR)。

26.为保证人身安全,在通电试车时,要认真执行安全操作规程的有关规定,一人________,一人________。

27.通电试车完毕切断电源后,应先拆除________线,再拆除________线。

28.电动机及按钮的金属外壳必须可靠________。

29.电源进线应接在螺旋式熔断器的________接线座上,出线则应接在________接线座上。

30.测量法是利用________和________对线路进行带电或断电测量,是查找故障点的有效方法。

二、判断题(正确的打"√",错误的打"×")

1.按钮既可以在控制电路中发出指令或信号,去控制接触器、继电器等电器元件,也可直接控制主电路的通断。( )

2.按钮的安装应牢固,安装按钮的金属板或金属按钮盒必须可靠接地。( )

3.按下复合按钮时,其常开触头和常闭触头同时动作。( )

4.光标按钮可用于需长期通电显示处,兼作指示灯使用。( )

5.当按下启动按钮然后再松开时,其常开触头一直处于闭合接通状态。 ( )

6.常闭按钮常作停止按钮使用。 ( )

7.热继电器的触头一般包括一个常开触头和一个常闭触头。 ( )

8.热继电器的温度补偿元件也为双金属片,其受热弯曲的方向与主双金属片的弯曲方向相反。 ( )

9.带断相保护装置的热继电器只能对电动机作断相保护,不作过载保护。 ( )

10.热继电器动作不准确时,可轻轻弯折热元件以调节动作值。 ( )

11.画电路图、布置图、接线图时,同一电器的各元件都要按它们的实际位置画在一起。 ( )

12.电路图中,各电器的触头位置都按电路未通电或电器未受外力作用的常态位置画出。 ( )

13.布置图中各电器的文字符号,必须与电路图和接线图的标注相一致。 ( )

14.安装控制线路时,对导线的颜色没有具体要求。 ( )

15.按元件明细表选配的电器元件可直接安装,不用检验。 ( )

16.接触自锁控制线路具有失压和欠压保护功能。 ( )

17.由于热继电器在电动机控制线路中兼有短路和过载保护,故不需要再接入熔断器作短路保护。 ( )

18.在三相异步电动机控制线路中,熔断器只能用作短路保护。 ( )

19.所谓点动控制,是指点一下按钮就可以使电动机启动并连续运转控制方法。 ( )

20.要使电动机获得点动调整工作状态,控制电路中自锁回路必须断开。 ( )

21.具有过载保护的接触器自锁正转控制线路,当电动机过载或短路时,KH 的常闭触头断开,使 KM 的线圈失电,KM 主触头断开,电动机 M 停转。 ( )

22.根据电路图、布置图、接线图安装完毕的控制线路,可以直接通电试车。 ( )

23.接触器自锁控制线路不但能使电动机连续运转,而且还具有欠压和失压(或零压)保护作用。 ( )

24.采用电压测量法和电阻测量法都要在线路断电情况下进行测量。 ( )

25.由于热继电器和熔断器在三相异步电动机控制线路中所起的作用不同,所以不能相互代替使用。 ( )

三、选择题(请把正确答案的字母填入括号中)

1.常开按钮只能( )。

A.接通电路　　B.断开电路　　C.接通或断开电路

2.常闭按钮只能( )。

A.接通电路　　B.断开电路　　C.接通或断开电路

3.对有直接电联系的交叉导线的连接点,( )。

A.要画小黑圆点　　B.不画小黑圆点　　C.可画小黑圆点也可不画小黑圆点

4.同一电路的各元件在电路图和接线图中使用的图形符号、文字符号要( )。

A.基本相同　　B.不同　　C.完全相同

5.主电路的编号在电源开关的出线端按相序依次为( )。

A.U、V、W　　B.L1、L2、L3　　C.U11、V11、W11

6.单台三相交流电动机(或设备)的三根引出线,按相序依次编号为( )。

A.U、V、W　　B.L1、L2、L3　　C.U11、U12、U13

7.辅助电路编号按“等电位”原则，按从上至下、从左至右的顺序用(　　)依次编号。

A.数字　　B.字母　　C.数字或字母

8.控制电路编号的起始数字是(　　)。

A.1　　B.100　　C.200

9.用兆欧表检查线路的绝缘电阻的阻值不得小于(　　)MΩ。

A.1　　B.5　　C.10

10.热继电器主要用于电动机的(　　)。

A.短路保护　　B.过载保护　　C.欠压保护

11.热继电器在使用时，其热元件应与电动机的定子绕组(　　)。

A.并联　　B.串联　　C.混联　　D.均可

12.热继电器中的双金属片弯曲是由于(　　)。

A.机械强度不同　　B.热膨胀系数不同　　C.温差效应　　D.材料不同

13.一般情况下，热继电器的中热元件的整定电流为电动机额定电流的(　　)倍。

A.4~7　　B.0.95~1.05　　C.1.5~2

14.如果热继电器出线端的连接导线过细，会导致热继电器(　　)。

A.提前动作　　B.滞后动作　　C.过热烧毁

15.具有过载保护的接触器自锁控制线路中,实现过载保护的电器是(  )。

A.熔断器　　B.热继电器　　C.接触器　　D.电源开关

16.具有过载保护的接触器自锁控制线路中,实现过载保护的电器是(　　)。

A.熔断器　　B.热继电器　　C.接触器　　D.电源开关

17.具有过载保护的接触器自锁控制线路中,实现欠压和失压保护的电器是(　　)。

A.熔断器　　B.热继电器　　C.接触器

18.接触器的自锁触头是一对(　　)。

A.辅助常开触头　　B.辅助常闭触头　　C.接触器

19.在教材中如图 1-4-2 启动电动机 M 时应(　　)。

A.合上 QF　　B.合上 QF 再按下 SB1　　C.合上 QF 再按下 SB2

20.能实现正常的启动和停止的是图(　　)。

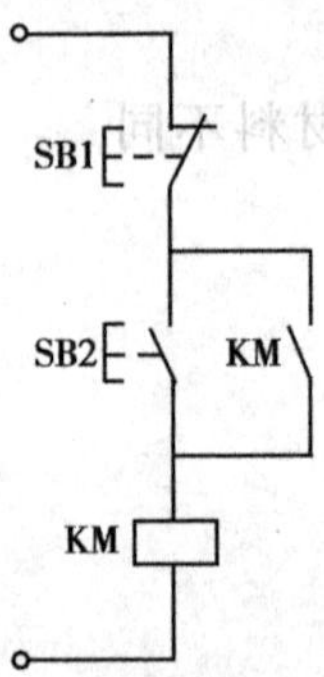


A.

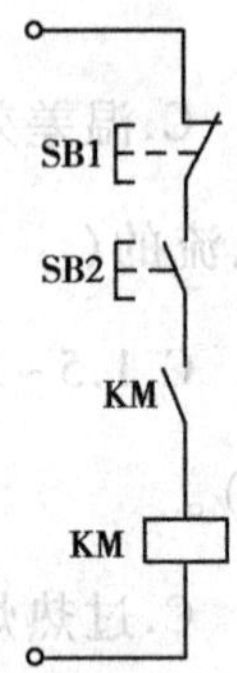


B.

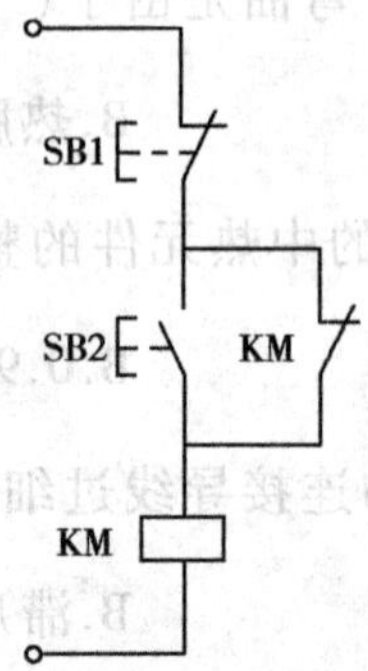


C.

21.正常操作后,会出现短路现象的是图(　　)。

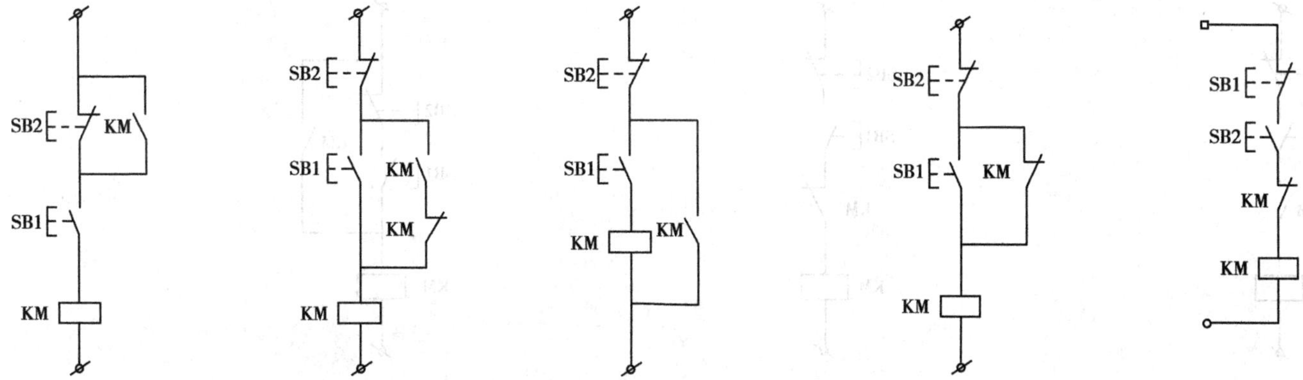


A.　　B.　　C.　　E.　　F.

22.正常操作时,会出现点动工作状态的是图(　　)。

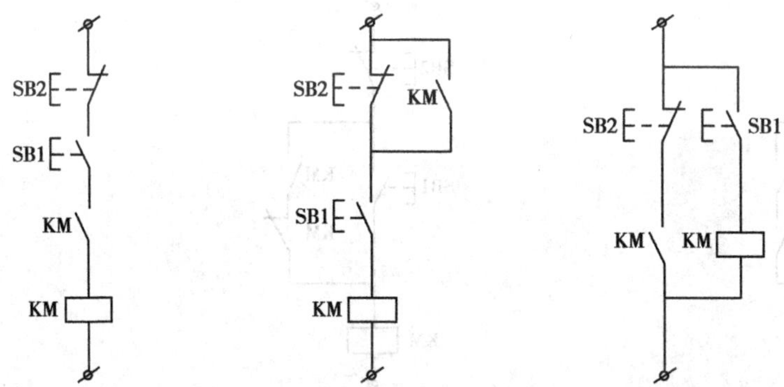


A.　　B.　　C.

23.正常操作时，KM 无法得电动作的是图(　　)。

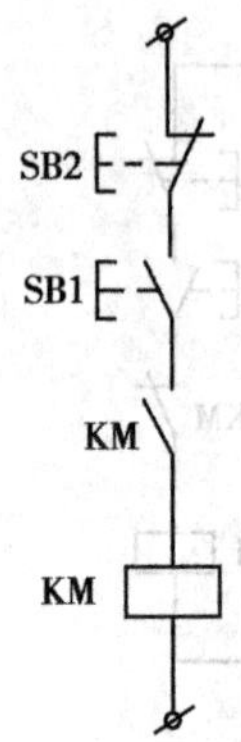


A.

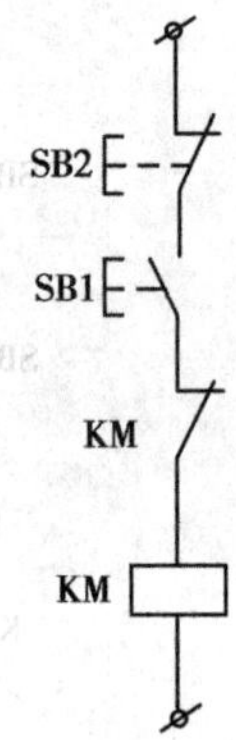


B.

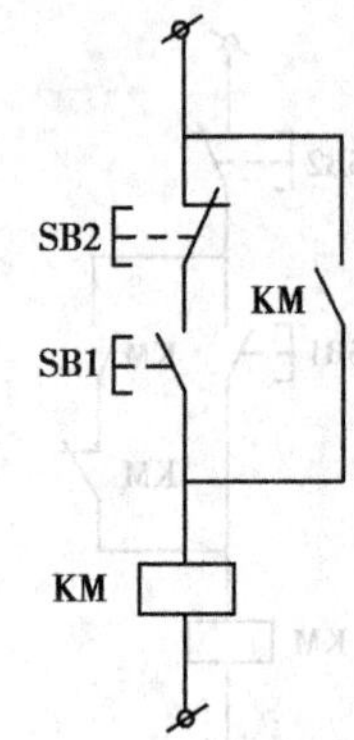


C.

24.控制电路中，能实现点动和连续工作的是图(　　)。

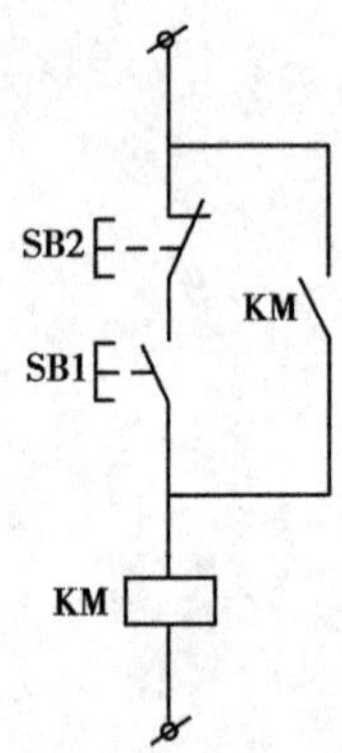


A.

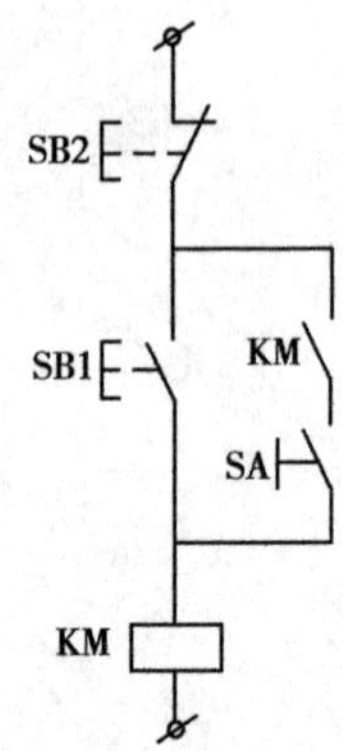


B.

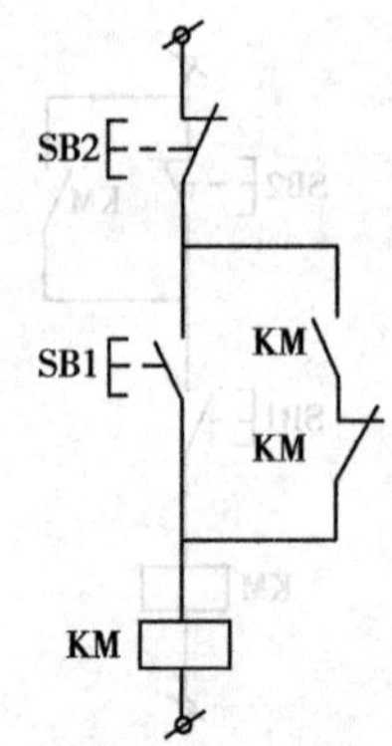


C.

25.连续与点动混合正转控制线路中,点动控制按钮的常闭触头应与接触器自锁触头(　　)。

A.串接　　　　B.并接　　　　C.串接或并接

## 四、填图题

根据图中所示按钮的结构,写出各按钮的名称及数字所表示的结构名称,画出各按钮的符号,并简述它们的动作原理。

| | | | |
|---|---|---|---|
| 结构 | 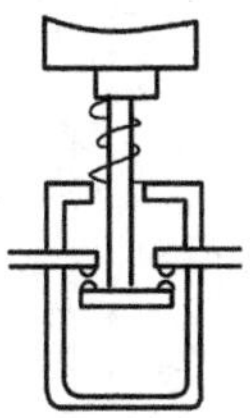 | 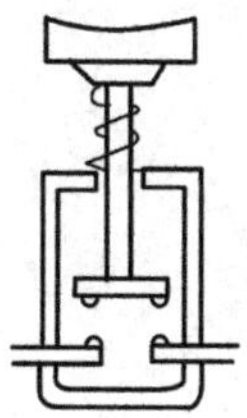 | 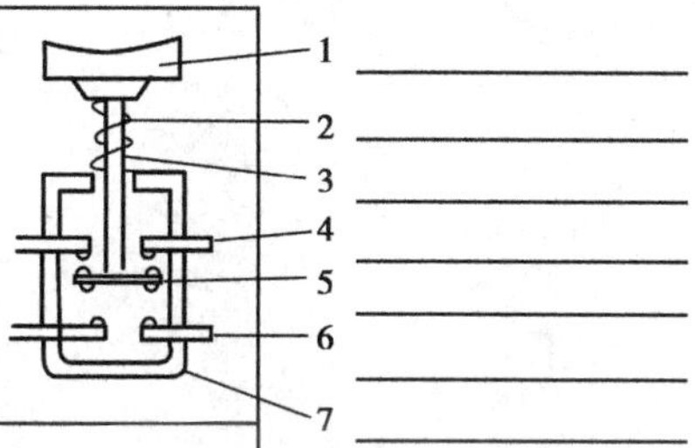 |
| 符号 | | | |
| 名称 | | | |

## 五、问答题

1.在实际生产和生活中,你见到过哪些主令电器？它们用在什么地方？起什么作用？

2.按钮常见的故障有哪些？产生这些故障的原因有哪些？怎样处理？

3.什么叫点动控制？试分析判断各控制电路能否实现点动控制。若不能，电路将会出现什么现象？

4.什么是电路图？其作用是什么？

5.什么是布置图？其作用是什么？

6.什么是接线图？其作用是什么？

7.什么叫自锁控制？试分析控制电路中能否实现自锁功能。若不能，电路将会出现什么现象？

8.在具有过载保护接触器自锁控制线路中，熔断器、热继电器和接触器是如何起到各种保护作用的？

## 六、画图题

试为某生产机械设计电动机的电气控制线路，要求能实现连续控制，并有短路、过载、失压和欠压保护作用。

# 任务 1.5　三相交流异步电动机正反转控制线路的安装

## 一、填空题

1.生产机械运动部件在正、反两个方向运动时，一般要求电动机能实现＿＿＿＿＿＿控制。

2.要使三相异步电动机反转，就必须改变通入电动机定子绕组的＿＿＿＿＿＿，即把接入电动机三相电源进线中的＿＿＿＿＿＿对调接线即可。

3.如图 1.5.1 所示为倒顺开关正反转控制线路。当倒顺开关 QS 手柄处于“停”位置时，QS 的动、静触头＿＿＿＿＿＿，电动机不转；当手柄扳至“顺”位置时，QS 的动触头和左边的静触头相接触，输入电动机定子绕组的电源电压相序为＿＿＿＿＿＿，电动机＿＿＿＿＿＿；当手柄扳至“倒”位置时，QS 的动触头和右边的静触头相接触，输入电动机定子绕组的电源电压相序变为＿＿＿＿＿＿，电动机＿＿＿＿＿＿。

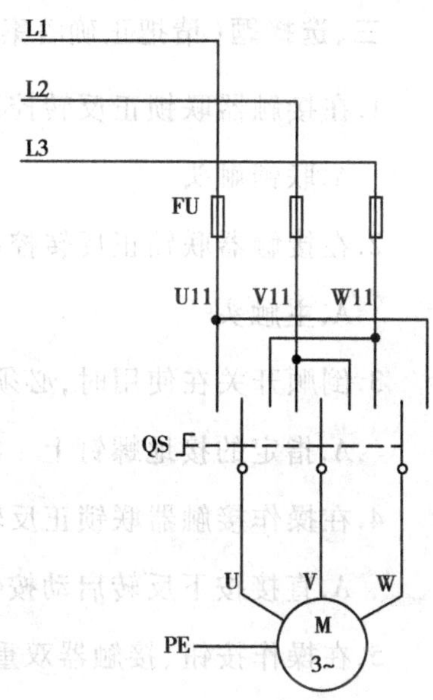

图 1.5.1

4.倒顺开关正反转控制线路所用电器较＿＿＿＿＿＿，线路比较＿＿＿＿＿＿，但在频繁换向时，操作人员＿＿＿＿＿＿大，操作＿＿＿＿＿＿，所以这种线路一般用于控制额定电流＿＿＿＿＿＿A、功率在＿＿＿＿＿＿kW 及以下容量电动机。

5.倒顺开关接线时，应将开关两侧的进线中的＿＿＿＿＿＿相互换，标记为 L1、L2、L3 接＿＿＿＿＿＿，标记为 U、V、W 接＿＿＿＿＿＿。

二、判断题（正确的打“√”，错误的打“×”）

1.倒顺开关进出线接错易造成两相电源短路。（ ）

2.用倒顺开关控制电动机的正反转时，可以直接把手柄由“顺”扳至“倒”的位置，使电动机反转。（ ）

3.在接触器联锁正反转控制线路中，正反转接触器的主触头有时可以同时闭合。（ ）

4.为了保证三相异步电动机实现反转，正反转接触器的主触头必须按相同的相序并接后串接在主电路中。（ ）

5.接触器联锁正反转控制线路的优点是工作安全可靠，操作方便。（ ）

6.按钮、接触器双重联锁正反转控制线路的优点是工作安全可靠，操作方便。（ ）

三、选择题（请把正确答案的字母填入括号中）

1.在接触器联锁正反转控制线路中，为避免两相电源短路事故，必须在正、反转控制电路中分别串接（ ）。

A.联锁触头 B.自锁触头 C.主触头

2.在接触器联锁正反转控制线路中，其联锁触头应是对方接触器的（ ）。

A.主触头 B.辅助常开触头 C.辅助常闭触头

3.倒顺开关在使用时，必须将接地线接到倒顺开关（ ）。

A.指定的接地螺钉上 B.罩壳上 C.手柄上

4.在操作接触器联锁正反转控制线路时，要使电动机从正转变为反转，正确的操作方法是（ ）。

A.直接按下反转启动按钮 B.直接按下正转启动按钮 C.先按下停止按钮，再按下反转启动按钮

5.在操作按钮、接触器双重联锁正反转控制线路时，要使电动机从正转变为反转，正确的操作方法是（ ）。

A.可直接按下反转启动按钮 B.可直接按下正转启动按钮 C.必须先按下停止按钮，再按下反转启动按钮

## 四、问答题

1. 在接触器联锁正反转控制线路中，两个接触器主触头如何接线才能实现电动机正反转控制？两个接触器能否同时得电闭合？为什么？

2. 按钮和接触器双重联锁正反转控制线路有哪些优点？画出点动的双重联锁正反转控制线路的电路图，并叙述线路的工作原理。

3.如图 1.5.2 所示为电动机双重联锁正反转控制线路的主电路,试补画出控制电路,并指出自锁触头和联锁触头。

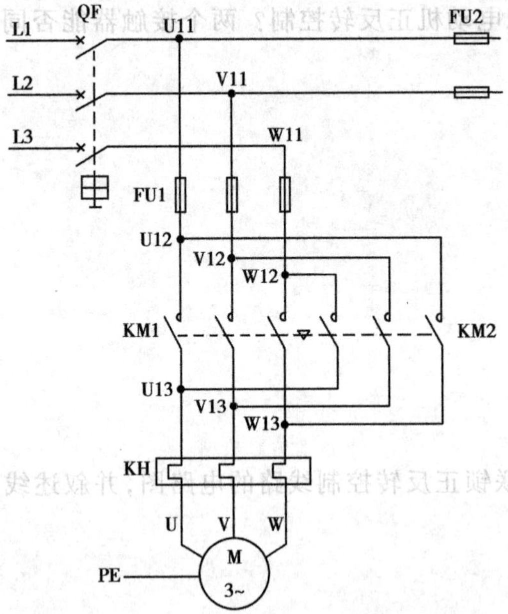


图 1.5.2

# 任务 1.6 位置控制与自动循环控制线路的安装与维修

## 一、填空题

1.在生产过程中，若要限制生产机械运动部件的行程、位置或使其运动部件在一定的范围内自动往返循环时，应在需要的位置安装____________。

2.位置控制又称____________或____________，是利用生产机械运动部件上的____________与____________开关碰撞，使其____________动作，来____________或____________电路，以实现对生产机械运动部件的位置或行程的自动控制。

3.工厂车间里的行车常采用____________控制线路，行车的两头终点处各安装一个____________，其____________分别串接在正、反转控制电路中。移动行程开关的安装位置可调节行车的____________和____________。

4.要使生产机械的运动部件在一定的行程内自动往返运动，就必须依靠____________对电动机实现____________正反转控制。

5.行程开关主要用于控制生产机械的运动____________、____________、____________大小或位置，是一种自动控制电器。

6.机床中常用的行程开关有____________和____________等系列。各系列行程开关的基本结构大体相同，都是由____________、____________和____________组成。

7.以某种行程开关元件为基础，装置不同的____________，可得到各种不同形式的行程开关，常见的有____________和____________。

8.行程开关的动作方式可分为____________、____________和____________三种。动作后的复位方式有____________复位和__________复位两种。

9.行程开关主要根据__________、__________和__________来选择。

10.行程开关是有触点开关，接近开关是一种与运动部件__________而能操作的行程开关，故又称为__________行程开关。

二、判断题（正确的打“√”，错误的打“×”）

1.如图 1.6.1 所示控制线路是具有双重联锁的自动可逆运转的控制线路。（ ）

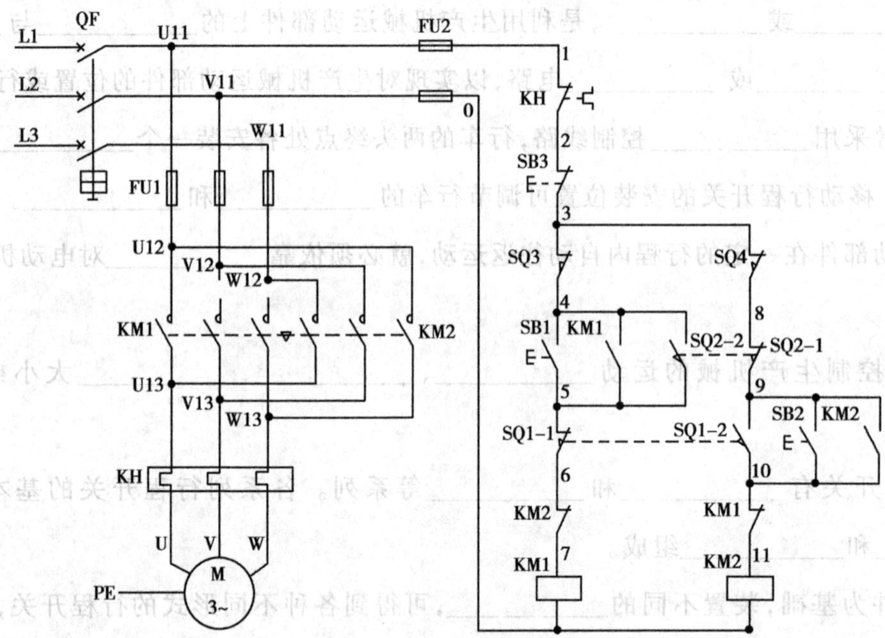


图 1.6.1

2.图 1.6.1 中，若同时按下 SB1、SB2，电路会出现短路。（ ）

3.图 1.6.1 中，接触器得电，电动机 M 反转工作时，若轻按下 SB1，电动机 M 将停转。（ ）

4.图 1.6.1 中，实现电动机自动逆转的电器是 SQ1、SQ2。（ ）

5.图 1.6.1 中，电器 SQ3、SQ4 主要用来作终端超程保护。（ ）

6.图 1.6.1 中，该控制线路能实现自动可逆转，按钮 SB1、SB2 是多余的。（ ）

7.图 1.6.1 中，行程开关与按钮基本相似，也是用手指来发出控制指令的主令电器。（ ）

**三、选择题**（请把正确答案的字母填入括号中）

1.行程开关的触头动作是通过（ ）来实现的。

A.手指的按压

B.生产机械运动部件的碰压

C.手指的按压或者生产机械运动部件的碰压

2.双轮旋转式行程开关为（ ）。

A.非自动复位式　　B.自动复位式　　C.自动或非自动复位式

3.不属于位置控制线路的是（ ）。

A.走廊照明灯的两处控制线路

B.龙门刨床的自动控制往返控制电路

C.电梯的开关门电路

D.工厂车间里行车的终点保护电路

4.接近开关按工作原理分有好多种,而最常用的接近开关为(　　)。

A.光电型　　B.电容型　　C.高频振荡型

5.三相异步电动机的位置控制电路中,除了用行程开关外,还可用(　　)。

A.断路器　　B.速度继电器　　C.热继电器　　D.光电传感器

## 四、问答题

1.当生产机械运动部件上的挡铁碰撞行程开关后,发现其触头不动作,你能分析引起这种故障的可能原因吗?

2.安装和使用行程开关应注意哪些问题?

3.分析如图 1.6.2 所示的控制电路,回答下列问题:

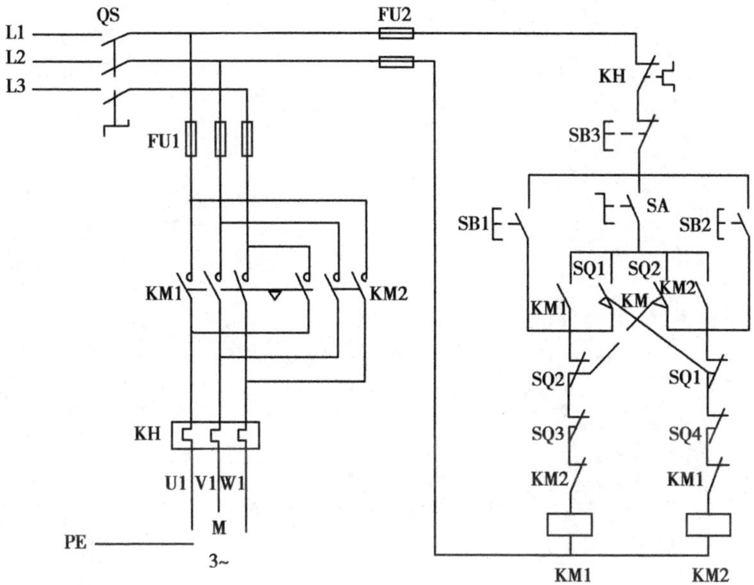


图 1.6.2

(1)该线路能实现哪几种控制方式？

(2)线路中有什么保护？各由什么电器实现？

(3)说明 SA、SQ1 的作用。

4.在安装合格的工作台自动往返控制线路板上，根据表 1.6.1 人为设置电气自然故障点，通电并观察故障现象，把故障现象填入表中。

**表 1.6.1**

| 故障设置元件 | 故障点 | 故障现象 |
| --- | --- | --- |
| SQ1 | 常闭触头接触不良 | |
| SQ2 | 常开触头接触不良 | |
| KM1 | 自锁触头接触不良 | |
| KM2 | 联锁触头接触不良 | |

## 四、画图题

1.某车间需用一行车,要求按如图 1.6.3 所示的方式运动。试画出满足要求的电路图。

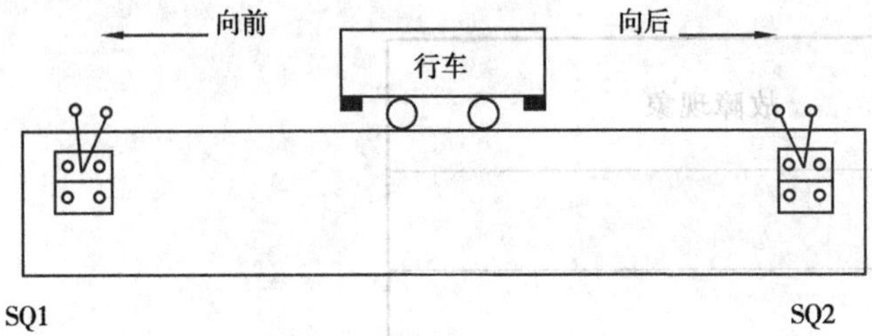


图 1.6.3

2.若使图 1.6.3 中的行车启动后自动往返运动,其控制线路应如何设计?

3.如图 1.6.4 所示为工作台自动往返行程控制线路的主电路。试补画出控制电路，说明四个行程开关作用，叙述线路的工作原理。

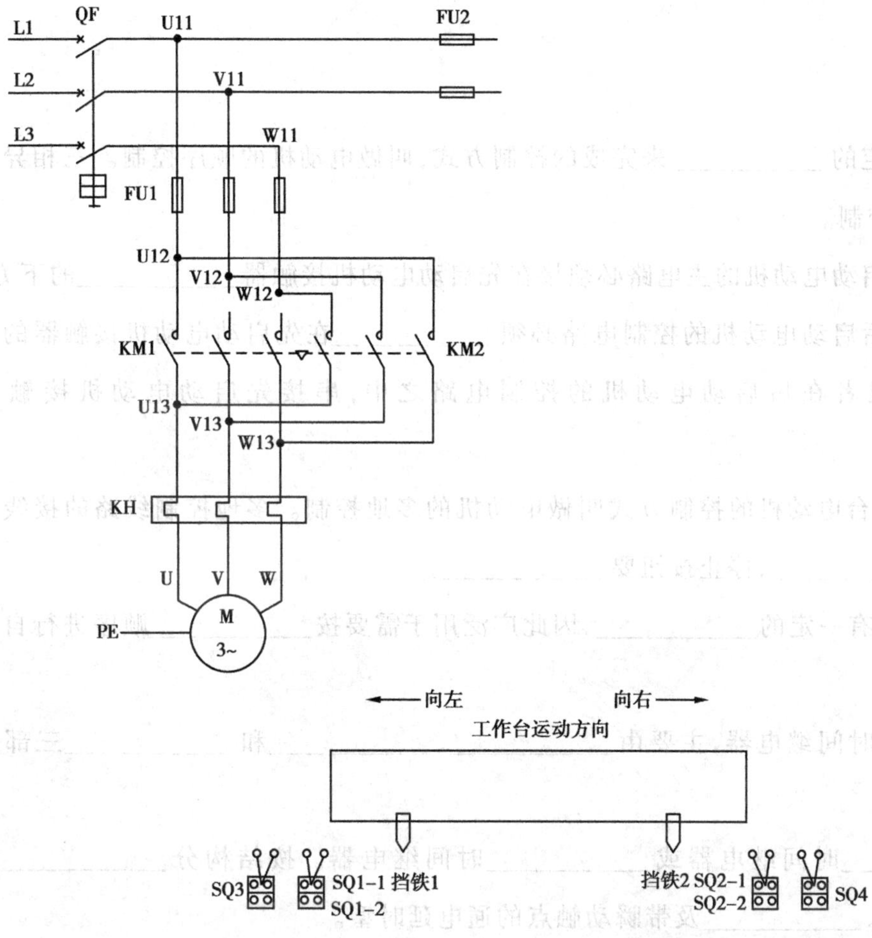


图 1.6.4

# 任务 1.7　顺序控制与多地控制线路的安装与维修

## 一、填空题

1.要求几台电动机的启动或停止,必须按一定的__________来完成的控制方式,叫做电动机的顺序控制。三相异步电动机可在__________或__________实现顺序控制。

2.主电路实现电动机顺序控制的特点是:后启动电动机的主电路必须接在先启动电动机接触器__________的下方。

3.控制电路实现电动机顺序控制的特点是:后启动电动机的控制电路必须__________在先启动电动机接触器的自锁触头之后,并与其接触器线圈__________;或者在后启动电动机的控制电路之中,串接先启动电动机接触器的__________。

4.能在__________或__________控制同一台电动机的控制方式叫做电动机的多地控制。多地控制线路的接线特点是________________;各地的启动按钮要__________,停止按钮要__________。

5.时间继电器自得到动作信号起至触头动作有一定的__________,因此广泛用于需要按__________顺序进行自动控制的电气线路中。

6.空气阻尼式时间继电器又称__________时间继电器,主要由__________、__________和__________三部分组成。

7.晶体管式时间继电器也称____________时间继电器或__________时间继电器。按结构分__________为和__________两类;按延时方式分为__________、__________及带瞬动触点的通电延时型。

8.JS7-A 系列空气阻尼式时间继电器根据触头延时的特点,可分为__________和__________两种。

## 二、选择题(请把正确答案的字母填入括号中)

1.属于多台电动机顺序控制的线路是(　　)。

A.一台电动机正转时不能立即反转的控制线路

B.一台电动机启动后另一台电动机才能启动的控制线路

C.两处都能控制电动机启动和停止的控制线路

2.多台电动机的顺序控制的线路是(　　)。

A.既包括顺序启动,又包括顺序停止　　B.不包括顺序停止

C.不包括顺序启动　　D.通过自锁环节实现

3.JS7-A 系列时间继电器从结构上讲,只要改变(　　)的安装方向,即可获得两种不同的延时方式。

A.触头系统　　B.气室　　C.电磁系统　　D.传动机构

4.电动机的多地控制,线路上控制按钮的连接原则是(　　)。

A.启动按钮要串联　　B.停止按钮要串联　　C.启动按钮要串联　　D.停止按钮要并联

## 二、问答题

试分析叙述教材中如图 1.7.1 中 b、c 所示的控制线路的工作原理。

## 三、画图题

试画出能在三地控制同一台电动机正转点动控制的电路图,并分析其控制线路的工作原理?

# 任务 1.8 三相交流异步电动机降压启动控制线路

## 一、填空题

1.启动时加在电动机定子绕组上的电压为电动机的__________电压，称为全压启动，也称为直接启动。

2.通常规定电源容量在__________kV · A 以上、电动机容量在__________kW 以下的三相异步电动机可采用直接启动。

3.判断一台电动机能否直接启动的经验公式是：__________________。

4.降压启动是指利用启动设备将__________适当降低后，加到电动机的定子绕组上进行启动运转后，再使其__________恢复到__________正常运转。降压启动的目的是__________。

5.常见的降压启动方法有__________、__________、__________和延边三角形降压启动四种。

6.定子绕组串接电阻降压启动是在电动机启动时，把电阻串接在电动机__________与__________之间，通过电阻的分压作用来降低定子绕组上的启动电压。带电动机启动后，再将电阻__________，使电动机在__________下正常运行。

7.自耦变压器降压启动是指在电动机启动时，利用__________来降低加在电动机定子绕组上的启动电压。待电动机启动后，再使电动机与__________脱离，从而在__________下正常运行。

8.利用自耦变压器来进行降压的启动装置称为__________，其产品有__________和__________两种。

9.XJ01 系列自耦减压启动箱是由__________、__________、__________、__________、时间继电器和按钮电器元件组成。

10.Y-△降压启动是指电动机启动时，把定子绕组接成__________形降压启动，待电动机转速上升并接近额定值时，再将电动机定子绕组改接成__________形全压正常运行。

11.异步电动机作 Y-△降压启动时，每组的定子绕组上的启动电压是正常工作电压的__________倍，启动电流是正常工作电流的__________倍，启动转矩是正常工作转矩的__________倍。

12.在控制板上安装走线槽时，应做到__________、排列__________、安装__________和便于__________等。

13.板前线槽配线时，如果导线的截面积等于或大于 0.5 $mm^2$ 时，必须采用__________；如果小于 0.5 $mm^2$ 且用于不移动又无振动的场合，可以采用__________。

14.布线时，严禁损伤导线__________和__________。

15.从各电器元件水平中心线以上接线端子引出的导线，必须进入元件__________面的走线槽；从元件水平中心线以下接线端子引出的导线，必须进入元件__________面的走线槽；任何导线都不允许从__________方向进入走线槽内。

16.进入走线槽内的导线要完全置于__________内，并应尽可能避免__________，装入走线槽内的导线不要超过其容量的__________，以便于盖上线槽盖和以后的装配及维修。

17.在任何情况下，接线端子都必须与导线__________和__________相适应。

18.测量法是利用__________和__________对线路进行带电或断电测量，是查找故障点的有效方法。

**二、判断题**（正确的打“√”，错误的打“×”）

1.由于直接启动所用电气设备少，路线简单，维修量较小，故电动机一般都采用直接启动。（　）

2.由于降压启动将导致电动机的启动转矩大为降低，故障压启动需要在空载或轻载下进行。（　）

3.在安装定子绕组串接电阻降压启动控制线路时，电阻器产生的热量对其他电器无任何影响，故安装在箱体内或箱体外时，不需采用任何防护措施。（　）

4.凡是在正常运行时定子绕组作三角形连接的异步电动机,均可采用 Y-△降压启动。 (　　)

5.采用 Y-△降压启动的电动机需要有 6 个出线端,而采用延边三角形降压启动的电动机则需要有 9 个出线端。 (　　)

6.采用延边三角形降压启动时,电动机每相定子绕组承受的电压等于△接法时的相电压。 (　　)

7.在图 1.8.1 线路中,先按下 SB3 时,电动机将作△接法直接启动。 (　　)

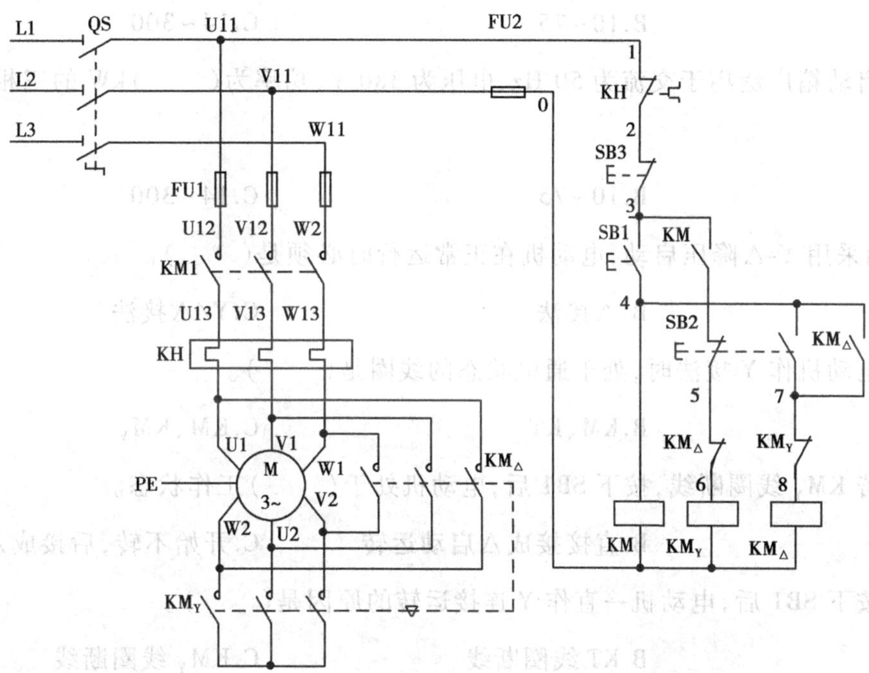


图 1.8.1

## 三、选择题(请把正确答案的字母填入括号中)

1.电动机直接启动时的启动电流较大,一般为额定电流的(　　)倍。

A.1~3　　B.2~4　　C.4~7

2.QJD3 系列油浸式手动自耦减压启动器,适用于一般工业用交流 50 Hz 或 60 Hz、电压 380 V、功率为(　　)kW 三相笼型异步电动机,作不频繁降压启动和停止用。

A.10~30　　B.10~75　　C.14~300

3.XJ01 系列自耦减压启动箱广泛用于交流为 50 Hz、电压为 380 V、功率为(　　)kW 的三相笼型异步电动机的降压启动。

A.10~30　　B.10~75　　C.14~300

4.为了使异步电动机能采用 Y-△降压启动,电动机在正常运行时必须是(　　)。

A.Y 接法　　B.△接法　　C.Y/△接法　　D.△/Y 接法

5.在图 1.8.2 线路中,电动机作 Y 接法时,处于通电状态的线圈是(　　)。

A.KM、KT、$KM_Y$　　B.KM、KT　　C.KM、$KM_Y$

6.在图 1.8.2 线路中,若 $KM_Y$ 线圈断线,按下 SB1 后,电动机处于(　　)工作状态。

A.不转　　B.直接接成△启动运转　　C.开始不转,后接成△启动运转

7.在图 1.8.2 线路中,按下 SB1 后,电动机一直作 Y 连接运转的原因是(　　)。

A.$KM_{\triangle}$线圈断线　　B.KT 线圈断线　　C.$KM_Y$ 线圈断线

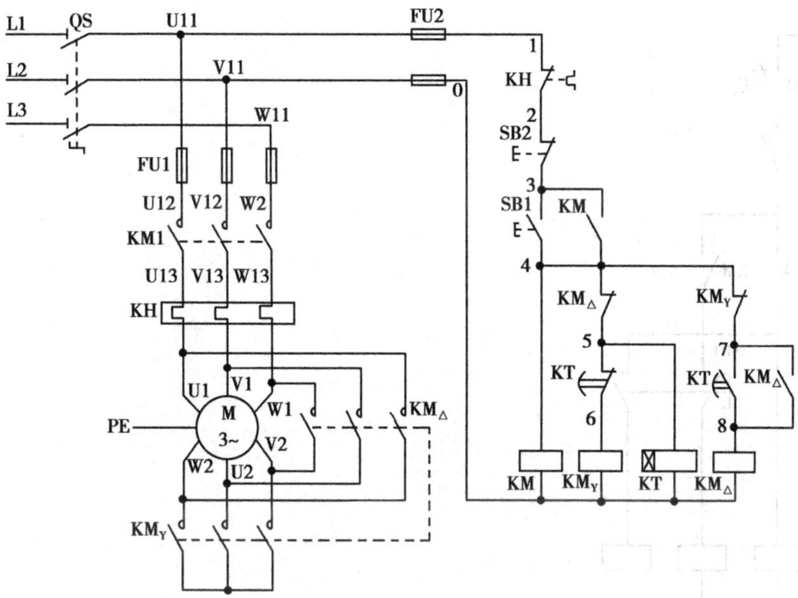


图 1.8.2

## 四、问答题

1.如图 1.8.3 所示为用按钮、接触器控制的 Y-△降压启动控制线路的电路图。试分析说明该线路能否正常工作。若不能,试加以改正,并说明电器 KM、KM1、KM2、KH 的作用。

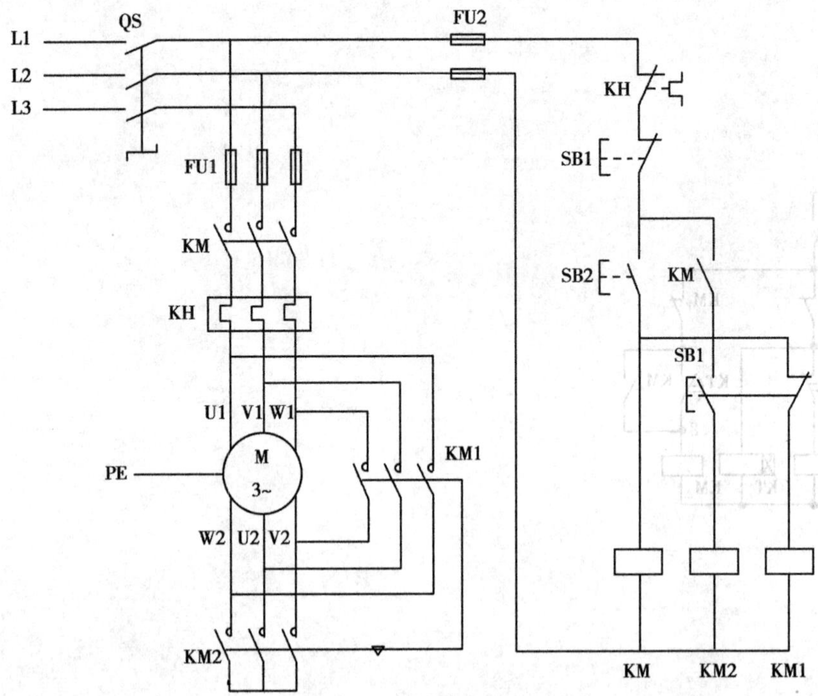


图 1.8.3

2.结合教材中如图 1.8.15 所示的 XJ01 系列减压启动控制箱的电路图，指出主电路、控制电路和指示电路，并分析线路的工作原理。

3.什么是试验法？什么是逻辑分析法？

# 任务 1.9　三相笼型异步电动机变速控制线路的安装与维修

**一、填空题**

1.三相异步电动机的调速方法有三种：一是改变__________调速；二是改变__________调速；三是改变__________调速。

2.改变异步电动机的__________调速称为变极调速。变极调速是通过改变电动机__________的连接方式来实现的。

3.变极调速是__________级调速，只适用于__________异步电动机。

4.凡__________可改变的电动机称为多速电动机。常见的多速电动机有__________、__________和__________等几种类型。

5.双速异步电动机的定子绕组共有__________个出线端，可作__________和__________两种连接方式，电动机低速时定子绕组接成__________形，高速时定子绕组接成__________形。

6.双速异步电动机的定子绕组接成△时，磁极为__________极，同步转速为__________r/min；接成YY时，磁极为__________极，同步转速为__________r/min。

7.三速异步电动机有__________套定子绕组，第一套双速绕组有__________个出线端，用__________、__________、__________、__________、__________、__________和__________表示，可作__________或__________连接；第二套单速绕组有__________个出线端，用__________、__________和__________表示只作__________形连接。

8.三速异步电动机低速运行时,定子绕组接成__________形;中速时接成__________形;高速时接成__________形。

**二、判断题**(正确的打"√",错误的打"×")

1.双速电动机定子绕组从一种接法改变为另一种接法时,必须把电源相序反接,以保证电动机在两种转速下的旋转方向相反。 ( )

2.三速异步电动机第一套双速绕组的出线端 W1 和 U3 分开的目的是:避免电动机定子绕组接成 Y 形中速运转时,在△接法的定子绕组中产生感应电流。 ( )

3.教材图 1.9.6 所示接触器控制三速电动机的线路中,在进行速度转换时,直接按下相应的启动按钮就可实现。 ( )

4.教材图 1.9.6 所示接触器控制三速电动机线路中,调整热继电器 KH1、KH2、KH3 的整定电流值,使它们在三种转速下应基本相等,保证误差在±5%以内。 ( )

**三、选择题**(请把正确答案的字母填入括号中)

1.双速电动机高速运转时,定子绕组出线端的连接方式应为( )。

A.U1、V1、W1 接三相电源,U2、V2、W2 空着不接

B.U2、V2、W2 接三相电源,U1、V1、W1 空着不接

C.U2、V2、W2 接三湘电源,U1、V1、W1 并接在一起

D.U1、V1、W1 接三相电源,U2、V2、W2 并接在一起

2.双速电动机高速运转时的转速是低速运转转速的( )。

A.一倍　　B.两倍　　C.三倍

3.在教材中如图 1.9.3 所示电路中,若使电动机启动并作低速运转,应按下按钮(　　)。

A.SB1　　B.SB2　　C.SB3

4.在教材中如图 1.9.6 所示电路中,若使电动机启动并作高速运转,应按下按钮(　　)。

A.SB1　　B.SB2　　C.SB3

5.三速电动机低速运转时,定子绕组出线端的连接方式应为(　　)。

A.U1、V1、W1 接三相电源,U3、W1 并接在一起,其他出线端空着不接

B.U2、V2、W2 接三相电源,其他出线端空着不接

C.U4、V4、W4 接三相电源,其他出线端空着不接

D.U2、V2、W2 接三相电源,U1、V1、W1、U3 并接在一起,U4、V4、W4 空着不接

6.三速电动机中速运转时,定子绕组出线端的连接方式应为(　　)。

A.U1、V1、W1 接三相电源,U3、W1 并接在一起,其他出线端空着不接

B.U2、V2、W2 接三相电源,其他出线端空着不接

C.U4、V4、W4 接三相电源,其他出线端空着不接

D.U2、V2、W2 接三相电源,U1、V1、W1、U3 并接在一起,U4、V4、W4 空着不接

7.三速电动机高速运转时,定子绕组出线端的连接方式应为(　　)。

A.U1、V1、W1 接三相电源,U3、W1 并接在一起,其他出线端空着不接

B.U2、V2、W2 接三相电源,其他出线端空着不接

C.U4、V4、W4 接三相电源,其他出线端空着不接

D.U2、V2、W2 接三相电源,U1、V1、W1、U3 并接在一起,U4、V4、W4 空着不接

8.异步电动机的调速方法有(　　)。

A.改变定子绕组的极对数　　B.改变转差率　　C.改变电源的频率　　D.改变电源的相序

四、问答题

1.如图 1.9.1 所示是用转换开关和时间继电器控制双速电动机运转的电路图,试分析各电器的作用,简述线路的工作原理。

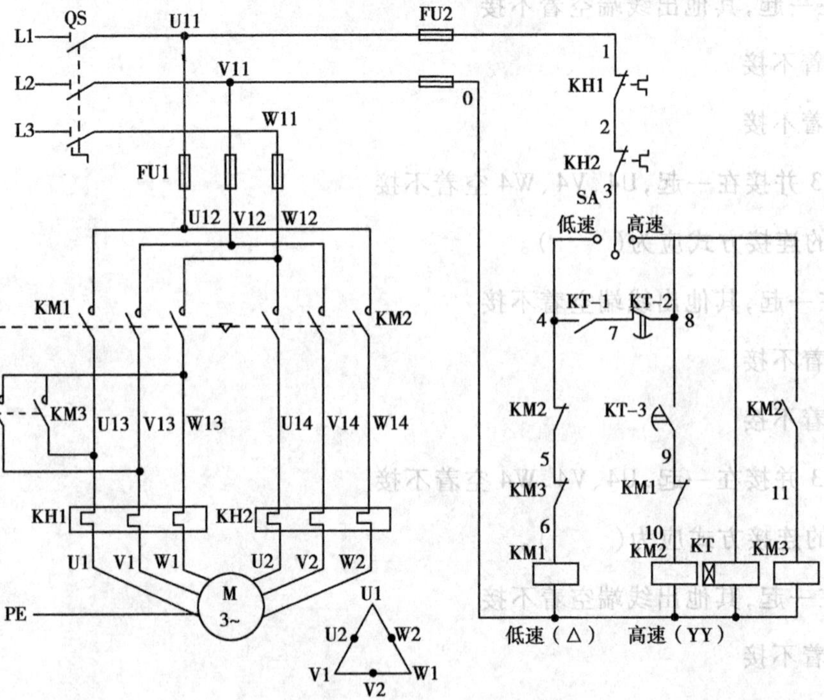


图 1.9.1

2.结合教材中图 1.9.7 所示电路图，分析回答以下问题：

(1)操作哪些按钮才能使电动机分别实现低速、中速、高速启动运转？

(2)时间继电器 KT1、KT2 在电路中的作用是什么？

(3)叙述三速电动机高速启动运转的工作原理。

# 任务 1.10　三相交流异步电动机的制动控制线路

## 一、填空题

1.所谓制动，就是给电动机一个与转动方向__________的转矩使它迅速停转。制动的方法一般有__________和__________两类。

2.利用__________使电动机断开电源后迅速停转的方法称为机械制动。机械制动常用的方法有__________制动和__________制动。

3.制动电磁铁主要由__________、__________和__________三部分组成。

4.闸瓦制动器包括__________、__________、__________和__________等部分。

5.MZD1 系列__________与 TJ2 系列__________配合使用共同组成电磁抱闸制动器，分为__________制动型和__________制动型两种。

6.断电制动型电磁抱闸制动器被广泛应用在__________上。其优点是能够____________________，同时可防止电动机突然断电时重物的__________。缺点是__________。

7.安装电磁抱闸制动器时，要保证电动机轴伸出端上的制动闸轮与闸瓦制动器的抱闸机构在__________上，而且轴心要__________。

8.电磁抱闸制动器安装后，必须在切断电源的情况下先进行__________，然后在通电试车时再进行__________。

9.使电动机在切断电源停转的过程中，产生一个和电动机实际旋转方向__________的电磁力矩，迫使电动机迅速制动停转的方法称为电力制动。

10.电力制动常用的方法有＿＿＿＿＿＿、＿＿＿＿＿＿、＿＿＿＿＿＿和＿＿＿＿＿＿等。

11.反接制动是依靠改变电动机定子绕组的电源＿＿＿＿＿＿来产生制动力矩，迫使电动机迅速停转。

12.在反接制动设施中，为保证电动机的转速被制动到接近＿＿＿＿＿＿时，能迅速切断电源，防止反向启动，常利用＿＿＿＿＿＿来自动地及时切断电源。

13.反接制动时，旋转磁场与转子的相对转速为＿＿＿＿＿＿，致使定子绕组中的电流一般约为电动机额定电流的＿＿＿＿＿＿倍。

14.反接制动适用于＿＿＿＿＿＿ kW 以下小容量电动机的制动，并且对＿＿＿＿＿＿ kW 以上的电动机进行反接制动时，需在定子绕组回路中串入＿＿＿＿＿＿，以限制反接制动电流。

15.能耗制动又称＿＿＿＿＿＿，是当电动机切断交流电源后，立即在定子绕组的任意两相中通入＿＿＿＿＿＿，迫使电动机迅速停转的方法。

16.当电动机切断交流电源后，立即在电动机定子绕组的出线端接入＿＿＿＿＿＿来迫使电动机迅速停转的方法称电容制动。

17.电容制动是一种制动＿＿＿＿＿＿、能量损耗＿＿＿＿＿＿、设备简单的制动方法，一般用于＿＿＿＿＿＿ kW 以下的小容量电动机，特别适用于存在＿＿＿＿＿＿和＿＿＿＿＿＿的生产机械和需要多台电动机＿＿＿＿＿＿制动的场合。

18.再生发电制动又称＿＿＿＿＿＿，主要应用＿＿＿＿＿＿的工作原理。

19.当电动机转速 $n$ 小于同步转速 $n_1$ 时，电动机处于＿＿＿＿＿＿＿＿状态；当电动机的转速 $n$ 大于同步转速 $n_1$ 时，电动机处于＿＿＿＿＿＿状态。

20.再生发电制动是一种比较＿＿＿＿＿＿的制动方法，制动时不需要改变线路即可从＿＿＿＿＿＿状态自动地转入＿＿＿＿＿＿状态，把＿＿＿＿＿＿能转换成＿＿＿＿＿＿能，再回馈到＿＿＿＿＿＿，＿＿＿＿＿＿效果显著。

21.再生发电制动的缺点是应用范围较________,仅当电动机转速________同步转速时才能实现发电制动。常用于在位能负载作用下的起重机械和多速异步电动机由________转为________时的情况。

二、选择题(请把正确答案的字母填入括号中)

1.速度继电器的主要作用是(　　)。

A.限制运行速度　　B.测量速度　　C.反接制动　　D.控制电动机运转方向

2.制动用电磁离合器与电磁抱闸在结构上比较是(　　)的。

A.相同　　B.不相同　　C.不完全相同

3.三相笼型异步电动机电磁抱闸的制动原理属于(　　)制动。

A.机械制动　　B.电力制动　　C.反接制动　　D.能耗制动

4.反接制动的优点是(　　)。

A.制动平稳　　B.能耗较小　　C.制动迅速　　D.定位准确

5.三相异步电动机采用能耗制动,切断电源后,应将电动机(　　)。

A.转子回路串电阻　　B.定子绕组两相绕组反接

C.转子绕组进行反接　　D.定子绕组通入直流电

6.三相异步电动机再生制动时,定子绕组中流过(　　)。

A.高压电　　B.直流电　　C.三相交流电　　D.单相交流电

7.三相异步电动机能耗制动的控制线路至少需要(　　)个按钮。

A.2　　B.1　　C.4　　D.3

8.三相异步电动机的各种电气制动方法中,能量损耗最多的是(    )。

A.反接制动　　B.能耗制动　　C.回馈制动　　D.再生制动

9.三相异步电动机倒拉反接制动时需要(    )。

A.转子串入较大的电阻　　B.改变电源的相序

C.定子通入直流电　　D.改变转子的相序

## 三、问答题

1.电动机在脱离电源后,若不采取任何制动措施,能否立即停转?为什么?

2.分别叙述断电制动型和通电制动型两种电磁抱闸制动器的工作原理。

3.断电制动型电磁抱闸制动器安装后如何调试才算合格？

4.简要说明反接制动和能耗制动的制动原理。

5.如图 1.10.1 所示是三相电动机双向启动反接制动控制线路,试分析并回答以下问题:

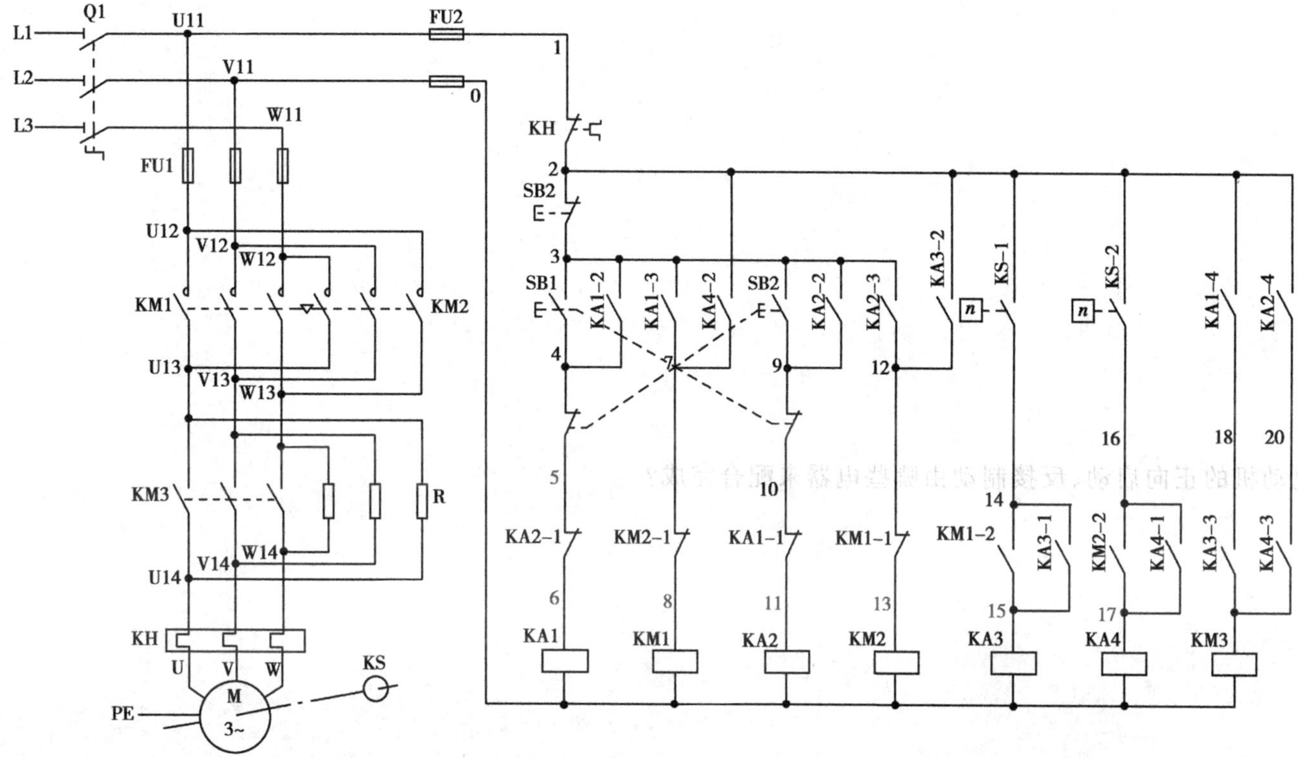


图 1.10.1

(1)接触器、中间继电器和速度继电器在线路中各起什么作用?

(2)电动机的正向启动、反接制动由哪些电器来配合完成?

(3)电动机的反向启动、反接制动由哪些电器来配合完成?

(4)叙述线路的工作原理。

## 四、画图题

补画如图 1.10.2 所示的电容制动控制电路图。

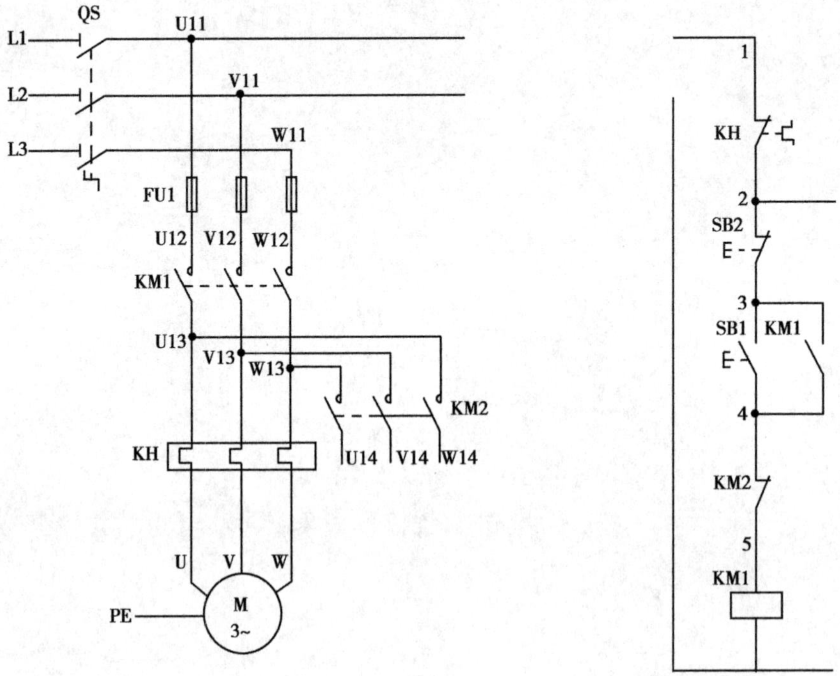


图 1.10.2

# 任务 1.11 电气控制线路设计

## 一、填空题

1.对电动机控制的一般原则有以下几种:__________控制原则、__________控制原则、__________控制原则和__________控制原则。

2.在电动机控制线路中,实现短路保护的电器是__________和__________。

3.在电动机控制线路中,实现过载保护的电器是________________。

4.设计电气控制线路的基本原则有:①________________________________________。
②__________________________________________________________。
③________________________________________。④_______________________________。

## 二、选择题(将正确答案的字母填入括号内)

1.根据生产机械运动部件的行程或位置,利用(　　)来控制电动机的工作状态称为行程控制原则。

A.电流继电器　　B.时间继电器　　C.行程开关　　D.速度继电器

2.利用(　　)按一定时间间隔来控制电动机的工作状态称为速度控制原则。

A.电流继电器　　B.时间继电器　　C.行程开关　　D.速度继电器

3.根据电动机主回路电流的大小,利用(　　)来控制电动机的工作状态称为电流控制原则。

A.时间继电器　　B.电流继电器　　C.速度继电器　　D.热继电器

4.若短期工作制电动机的实际工作时间符合标准工作时间，电动机的额定功率与负载额定功率之间满足(　　)。

A.$P_N \leqslant P_L$　　B.$P_N \geqslant P_L$　　C.$P_N < P_L$　　D.$P_N > P_L$

5.在干燥、清洁的环境中应选用(　　)。

A.防护式电动机　　B.开启式电动机　　C.封闭式电动机　　D.防爆电动机

6.在潮湿、尘土多、有腐蚀性气体和爆炸性气体的环境中，应选用(　　)。

A.防护式电动机　　B.开启式电动机　　C.封闭式电动机　　D.防爆电动机

7.在有易燃、易爆气体的环境中，应选用(　　)。

A.防护式电动机　　B.开启式电动机　　C.封闭式电动机　　D.防爆电动机

**三、判断题**(正确的打"√"，错误的打"×")

1.对电动机的选择，以合理选择电动机的额定功率最为重要。(　　)

2.电动机的额定转速一般应在750~1 500 r/min。(　　)

3.不管是交流电动机，还是直流电动机，都要进行弱磁保护。(　　)

4.熔断器的选用首先是选择熔断器的规格，其次是选择熔体的规格。(　　)

5.设计电气控制原理图时，对于每一部分的设计是按主电路→连锁保护电路→控制电路→总体检查的顺序进行的。(　　)

6.对于设计采用继电器—接触器控制电气系统的第一步是设计主电路和控制电路。(　　)

7.电气控制电路应最大限度满足机械设备加工工艺的要求是电路设计的原则之一。(　　)

## 四、画图题

1.一台机床需要两台电动机拖动,根据机床特点和工艺,要求如下:

(1)M1 电动机启动后,M2 才能启动工作;

(2)M2 在轻载条件下自动降压启动;

(3)M1 能正反转;

(4)M2 停车时采用能耗制动。

试设计一个符合要求的电路图。

2.试设计一个两地控制三速异步电动机自动变速电路图。

3.根据下列四个要求,分别画出控制电路。

(1)电动机 M1 先启动后,M2 才能启动,M2 并能单独停车;

(2)M1 先启动后,M2 才能启动,M2 并能点动;

(3)M1 先启动,经过一定时间后 M2 才能自动启动;

(4)M1 先启动,经过一定时间后 M2 才能自行启动,但 M2 启动后,M1 应立即停转。

4.设计一个小车运行的控制线路,其要求如下:

(1)小车由原位开始前进,到终端后自动停止;

(2)在终端停留 2 min 后自动返回原位停止;

(3)要求能在前进或后退途中任意位置都能停止或启动。

# 项目2　常用生产机械的电气控制线路及其安装、调试与维修

## 任务2.1　CA6140车床电气控制线路安装、调试与维修

### 一、填空题

1.电气设备在运行过程中,由于操作使用不当、安装不合理或维修不正确等人为因素造成的故障,称为__________。

2.电气设备的维修包括__________和__________两方面。

3.对设置在电气柜内的电气元件,一般不经常进行开门监护,主要是靠定期的__________,来实现电气设备较长时间的安全稳定运行。

4.当电气设备发生故障后,切忌盲目随便动手检修。在检修前,通过__________、__________、__________、闻来了解故障前后的操作情况和故障发生后出现的异常现象,以便根据故障现象判断出故障发生的部位,进而准确地排除故障。

5.短接法是用一根绝缘良好的导线,把所怀疑的__________部位短接,如短接过程中电路被__________,就说明该处__________。

6.用短接法检测时,绝对不能短接__________,否则将发生__________故障。

7.CA6140 卧式车床共有 3 台电动机，它们分别是＿＿＿＿＿＿、＿＿＿＿＿＿和＿＿＿＿＿＿。

8.CA6140 卧式车床的主运动是＿＿＿＿＿＿，进给运动是＿＿＿＿＿＿。

9.CA6140 卧式车床电气控制线路中的电气保护措施有＿＿＿＿＿＿、＿＿＿＿＿＿、＿＿＿＿＿＿和＿＿＿＿＿＿。

10.CA6140 车床的主轴电动机没有反转控制，主轴的反转靠＿＿＿＿＿＿实现。

11.主轴电动机 M1 和冷却泵电动机 M2 在控制电路中实现＿＿＿＿＿＿控制，即只有＿＿＿＿＿＿启动运转后＿＿＿＿＿＿，才能启动运转。

12.刀架快速移动电动机 M3 采用的是＿＿＿＿＿＿控制，刀架移动方向的改变是由＿＿＿＿＿＿控制的。

**二、判断题**（正确的打“√”，错误的打“×”）

1.只要加强对电气设备的日常维护和保养，就可以杜绝电气事故的发生。（　）

2.维修时可根据实际需要修改生产机械的电气控制线路。（　）

3.在实际检修机床电气故障过程中，不同的测量方法可交叉使用。（　）

4.短接法既适用于检查控制电路的故障，也适用于检查主电路的故障。（　）

5.在故障的修理过程中，一般情况下应做到尽量复原。（　）

6.三相异步电动机运行中可通过看、听、摸、闻等手段随时监视电动机。（　）

7.CA6140 车床主轴的正反转是由主轴电动机 M1 的正反转来实现的。（　）

8.CA6140 型车床冷却泵电动机只有在主轴电动机 M1 启动后才能启动。（　）

9.CA6140 车床中的低压断路器 QF 只有当线圈通电时才能合闸。（　）

10.CA6140 车床在正常工作时，钥匙开关 SB 和行程开关 SQ2 的常开触头是断开的。（　）

11.在操作 CA6140 车床时，按下启动按钮 SB2，发现接触器 KM 得电动作，但主轴电动机 M1 不能启动，则故障原因可

能是热继电器 KH1 动作后未复位。 ( )

12.CA6140 车床的主轴电动机和 M1 因过载而停转，热继电器 KH1 是否复位，对冷却泵电动机 M2 和刀架快速移动电动机 M3 的运转无任何影响。 ( )

**三、选择题**(将正确答案的字母填入括号内)

1.由于导线绝缘老化而造成的设备故障属于(　　)。

A.自然故障　　B.人为故障　　C.无法确定

2.金属切削机床的一级保养一般(　　)左右进行一次。

A.一个月　　B.一季度　　C.半年

3.金属切削机床的二级保养一般(　　)左右进行一次。

A.一季度　　B.半年　　C.一年

4.CA6140 车床主轴的调速采用(　　)。

A.电气调速　　B.齿轮箱进行机械有级调速

C.机械与电气配合调速

5.CA6140 车床主轴电动机 M1 的失压保护由(　　)完成。

A.接触器自锁环节　　B.低压断路器　　C.热继电器

6.CA6140 车床主轴电动机 M2 的过载保护由(　　)完成。

A.接触器 KM1　　B.低压断路器 QF　　C.热继电器 KH1

7.CA6140 车床的主轴电动机应选用(　　)。

A.直流电动机　　B.三相笼型异步电动机　　C.三相绕线转子异步电动机

8.按下启动按钮后，主轴电动机 M1 启动后不能自锁，则故障原因可能是（　　）。

A.接触器 KM 的自锁触头接触不良　B.接触器 KM 主触头接触不良　C.热继电器 KH1 动作

## 四、问答题

1.对工业机械电气设备进行维修的一般要求有哪些？

2.对机床电气设备进行一级保养的内容有哪些？

3.试说出几种查找电气故障点的方法。

4.电气设备故障修复过程中应注意哪些事项？

5.CA6140 车床的主要运动形式有哪些？

6.CA6140 车床控制线路中，刀架快速移动电动机 M3 为什么未设过载保护？

7.结合教材中如图 2.1.5 所示的电路图,根据下列故障现象分析产生故障的原因。

(1)KM 吸合,但主轴电动机 M1 不能启动。

(2)主轴电动机 M1 不能停车。

(3)运行过程中主轴电动机 M1 自动停车,立即按下启动按钮 SB2,但电动机不能启动。

(4)刀架快速移动电动机 M3 不能启动。

(5)主轴电动机 M1 启动运转后,按下 SB4,冷泵电动机 M2 不能启动。

# 任务 2.2　Z3050 型摇臂钻床电气控制线路安装、调试与维修

## 一、填空题

1.摇臂钻床主轴带动钻头的旋转运动是__________;钻头的上下运动是____________________;主轴箱沿摇臂水平移动、摇臂沿外立柱上下移动以及摇臂连同外立柱一起相对于内立柱的回转运动是__________。

2.Z3050 摇臂钻床的摇臂夹紧和放松是由__________配合__________自动进行的,并有夹紧、放松指示。

3.结合教材中如图 2.2.5 所示的电路图填空:

(1)Z3050 摇臂钻床共有四台电动机,它们分别是__________、__________、__________和__________。

(2)四台电动机中,__________和__________要求单向运转,__________和__________要求双向运转。

(3)组合开关 SQ1a 和 SQ1b 作为摇臂升降的__________,若两者的安装位置对换,则摇臂上升和下降__________,将会造成重大事故。

(4)立柱和主轴箱的夹紧和放松由液压和电气控制系统协调完成。立柱和主轴箱的夹紧(或放松)既可以同时进行,也可以单独进行,由__________和__________控制。

(5)操纵哪一个夹紧机构夹紧或松开,既取决于__________,又取决于__________。

(6)由于立柱和主轴箱的夹紧和松开都是短时工作的,故采用__________控制。

## 二、判断题(正确的打“√”,错误的打“×”)

1.摇臂钻床的摇臂可绕外立柱回转。　(　　)

2.Z3050 摇臂钻床在使用时不允许沿一个方向连续转动摇臂。　(　　)

3.如果 Z3050 摇臂钻床的立柱、主轴箱不能夹紧与放松，经验查无电气方面的故障，因此断定可能出现了油路堵塞。（　　）

三、选择题（请把正确答案的字母填入括号中）

1.Z3050 摇臂钻床上四台电动机的短路保护均由（　　）来实现。

A.熔断器　　B.过电流继电器　　C.压低断路器

2.Z3050 摇臂钻床的主轴（　　）。

A.只能单向旋转　　B.由机械手柄操作正反转

C.由电动机 M1 带动正反转

3.Z3050 摇臂钻床的摇臂升降电动机 M2 采用了（　　）。

A.接触器联锁正反转控制　　B.按钮联锁正反转控制

C.按钮和接触器双重联锁正反转控制

四、问答题

结合教材图 2.2.5 所示 Z3050 摇臂钻床的电路图，回答以下问题：

（1）行程开关 SQ2 的作用是什么？

(2)简述摇臂下降的控制过程。

(3)大修后,若行程开关 SQ2 的安装位置不当,会出现什么故障?

(4)大修后,若行程开关 SQ3 的安装位置不当,会出现什么故障?

# 任务 2.3　X62W 万能铣床电气控制线路的检修

## 一、填空题

1.铣削加工是一种不连续的切削加工方式,为减小震动,主轴上装有＿＿＿＿＿＿,但这样会造成主轴停车困难,为此主轴电动机采用＿＿＿＿＿＿制动以实现准确停车。

2.为保证变速后齿轮能良好啮合,X62W 万能铣床主轴和进给变速后,都要求电动机做＿＿＿＿＿＿,即＿＿＿＿＿＿。

3.X62W 万能铣床工作台的进给有六个方向,即＿＿＿＿＿＿、＿＿＿＿＿＿、＿＿＿＿＿＿、＿＿＿＿＿＿、＿＿＿＿＿＿和＿＿＿＿＿＿。

4.X62W 万能铣床在加工过程中不需要频繁变换主轴旋转的方向,因此用＿＿＿＿＿＿来控制主电轴电动机的正反转。

5.结合教材中如图 2.3.11 所示的 X62W 万能铣床的电路图填空。

(1)该铣床共用了三台电动机,分别是＿＿＿＿＿＿、＿＿＿＿＿＿和＿＿＿＿＿＿。

(2)主轴更换铣刀时,将转换开关 SAL 扳向＿＿＿＿＿＿位置,其常开触头 SAL-1 ＿＿＿＿＿＿,电磁离合器得电将主轴制动;同时常闭触头 SAL-2 ＿＿＿＿＿＿,切断控制电路,铣床不能通电运转,确保人身安全。

(3)工作台的左右进给操作手柄与行程开关＿＿＿＿＿＿和＿＿＿＿＿＿联动,有＿＿＿＿＿＿、＿＿＿＿＿＿和＿＿＿＿＿＿三个位置。当手柄扳向左位置时,手柄压下行程开关＿＿＿＿＿＿,使接触器＿＿＿＿＿＿得电吸合,电动机 M2 ＿＿＿＿＿＿,同时将电动机的传动链和＿＿＿＿＿＿相连。

(4)圆形工作台的工作由转换开关＿＿＿＿＿＿控制。当需要圆形工作台旋转时,将它扳到接通位置,其触头＿＿＿＿＿＿和＿＿＿＿＿＿处于断开状态,接触器＿＿＿＿＿＿得电,电动机＿＿＿＿＿＿运转。

(5)圆形工作台开动时,其余进给一律__________。两个进给手柄必须置于__________位。

(6)主轴电动机 M1 和冷却泵电动机 M3 在__________中实现顺序控制。

**二、判断题**(正确的打"√",错误的打"×")

1.X62W 万能铣床的顺铣和逆铣加工是由主轴电动机 M1 的正反转来实现的。 (  )

2.为了提高工作效率,X62W 万能铣床要求主轴和进给能同时启动和停止。 (  )

3.圆形工作台工作时,允许工作台有六个方向的进给联动。 (  )

4.X62W 万能铣床工作台的快速运动是由专门的电动机拖动的。 (  )

5.进给操作手柄被置于某一方向后,电动机 M2 只能朝一个方向旋转,其传动链也只能与一根丝杠搭合。 (  )

6.圆形工作台加工不需要调速,也不要求正反转。 (  )

**三、选择题**(将正确答案的字母填入括号内)

1.X62W 万能铣床的操作方案是(  )。

A.全用按钮　　B.全用手柄　　C.按钮手柄都有

2.X62W 万能铣床的主轴电动机 M1 要求反转,不用接触器控制而用组合开关控制,是因为(  )。

A.接触器易损坏　　B.正反转不频繁　　C.操作方便

3.工作台进给没有采取制动措施,是因为(  )。

A.惯性小　　B.速度不高且用丝杠传动　　C.有机械制动

4.X62W 万能铣床主轴电动机 M1 的制动采用(  )。

A.反接制动　　B.电磁抱闸制动　　C.电磁离合器制动

5.X62W 万能铣床若主轴未启动,工作台( )。

A.不能有任何进给　　B.可以进给　　C.可以快速进给

6.圆形工作台的回转运动是由(　　)经传动机构驱动的。

A.主轴电动机 M1　　B.进给电动机 M2　　C.冷却泵电动机 M3

7.当左右进给操作手柄向右端时,将压合行程开关(　　)。

A.SQ1　　B.SQ2　　C.SQ3

D.SQ4　　E.SQ5　　F.SQ6

8.当上、下、前、后进给操作手柄扳向上端时,将压合行程开关(　　)。

A.SQ1　　B.SQ2　　C.SQ3

D.SQ4　　E.SQ5　　F.SQ6

9.为了工作可靠,电磁离合器 YC1、YC2、YC3 采用了(　　)电流。

A.直流　　B.交流　　C.高频交流

10.X62W 万能铣床工作台的进给,必须在主轴启动后才允许进行,这是为了(　　)。

A.安全需要　　B.加工工艺的需要　　C.电路安装的需要

11.若 X62W 万能铣床工作台正在向右进给,工人误操作,又将另一个手柄向下压,这时联锁触头(　　)断开,使 KM3 失电,M2 停转。

A.SQ6-2 和 SQ3-2　　B.SQ5-2 和 SQ6-2　　C.SQ3-2 和 SQ4-2

12.由于 X62W 万能铣床圆形工作台的通电线路经过(　　),所以任意一个进给手柄不在零位时,都将使圆形工作台停下来。

A.进给系统行程开关的所有常闭触头

B.进给系统行程开关的所有常开触头

C.进给系统行程开关的所有常开及常闭触头

## 四、问答题

1.X62W 万能铣床的主要运动形式有哪些？

2.X62W 万能铣床的工件能在哪些方向上调整位置或给进？

3.结合教材中的 X62W 万能铣床的电路图，回答下列问题：

(1)主轴变速时产生瞬时冲动的目的是什么？简述其变速冲动的控制过程。

(2)进给控制电路中接触器 KM1、KM2 的辅助常开触头并联的作用是什么？

(3)在主轴制动离合器 YC1 的电路中，三个并联的触头 SB6-2、SB5-2、SA1-1 各有什么作用？

(4)简述工作台向右快速移动的控制过程。

(5)若工作台前、后、上、下进给，但不能左右进给，试分析故障原因。

(6)若工作台能快速移动，主轴制动失灵，试分析故障原因。